Keith Rushforth

BÄUME

Hallwag Verlag Bern und Stuttgart

Nomenklatur

Pflanzennamen sind von Land zu Land und selbst im gleichen Sprachraum oft sehr verschieden. Es hat daher wenig Sinn, sich diese zu merken. Zweckmäßiger ist es, sich an die lateinischen Gattungs- und Artnamen zu halten, die international gültig sind. Zu jeder Baumart gehören zwei Bezeichnungen: zuerst die Gattung, dann folgt die Art. Die Birken gehören z.B. zur Gattung *Betula;* unsere Weiß-Birke trägt die lateinische Artbezeichnung *pendula,* also *Betula pendula* = *Weiß-Birke.* Gattungen mit ähnlichen Merkmalen bilden eine Familie; so gehört Betula zu den *Betulaceae,* zu den Birkengewächsen. Manchmal ist man gezwungen, eine Art noch genauer zu bezeichnen. Als *Varietät* (abgekürzt «Var», nach dem Artnamen) wird ein Baum beschrieben, der kleine, aber deutliche Unterschiede entwickelt hat. Oft sind es ökologische Faktoren, die eine solche Veränderung herbeiführen. Ein *Kultivar* (cv) oder Klon wird mit Stecklingen vermehrt. Dieser Unterschied wird durch einfache Anführungszeichen (‚...') verdeutlicht. Eine *Hybride* (mit «×» zwischen Gattungs- und Artname) ist eine natürliche Kreuzung zweier nahverwandter Arten. Wenn die Herkunft zweifelhaft ist, was z.B. bei *Prunus*-Hybriden oft vorkommt, wird der lateinische Artname durch den Namen ersetzt, der bei Gärtnern und Pflanzenzüchtern üblich ist.

Dank
Autor und Verlag danken den folgenden Personen und Organisationen für ihre Hilfe:
Alf Westall und Malcolm Scott, Bedgebury National Pinetum, Kent; **Alan Mitchell,** The Forestry Commission, Alice Holt Lodge, Farnham, Surrey; **Jim Keesing** und **Charles Erskine,** The Royal Botanic Gardens, Kew; **Ivan Hicks,** West Dean Estates, Chichester, Sussex.

Zeichner
Umschlag: **John Michael Davis**
Olivia Beasley: 22/23, 28/29, 32/49, 52/59; **John Davis:** 73/83, 130/145; **John Michael Davis:** 21, 26/27, 30/31, 50/51, 60/69, 116/129, 146/167; **Annabel Milne** und **Peter Stebbing:** 5/8, 11/20, 24/25, 70/72, 168/188; **David Moore:** 1, 84/97, 106/115; **Paul Wrigley:** 98/105

Übersetzung aus dem Englischen: Ruth Schneebeli-Graf
Umschlaggestaltung: Otto Juditzki

Satz: Trettin + Schilli, Derendingen/Schweiz
Printed in Hongkong

Die englische Originalausgabe ist bei Mitchell Beazley Publishers Limited, London, unter dem Titel POCKET GUIDE TO TREES erschienen.

ISBN 3 444 70130 6

Inhalt

Einleitung

Mit diesem Buch ist es möglich, beinahe alle bei uns vorkommenden Wald- und Parkbäume im Gelände zu bestimmen. 350 verschiedene Baumarten sind abgebildet, dazu werden noch andere Arten, Varietäten und Kultivare beschrieben. Ohne große Mühe wird es gelingen, die Namen der Bäume herauszufinden, denen man im Wald oder Park begegnet. Nicht aufgeführt wurden jene, die nur sehr selten in Arboreten anzutreffen sind.

Den Anfang machen die sogenannten primitiven Baumfamilien, dann folgen jene Gruppen, die sich im weiteren Verlauf der Evolution entwickelt haben. Diese Einteilung wurde hin und wieder aus praktischen Gründen durchbrochen, damit sehr ähnliche Arten nebeneinandergestellt werden konnten, wodurch Unterschiede leichter zu erkennen sind. Auch die Gattungen wurden nicht nach botanisch-systematischen Regeln gruppiert, sondern nach augenfälligen Merkmalen. Damit soll erreicht werden, daß dieses Buch für möglichst viele von Nutzen ist.

Unter einem Baum versteht man meistens eine perennierende Pflanze mit einem holzigen Stamm von etwa 6 m oder mehr Höhe; ein Strauch ist kleiner, er verzweigt sich vom Boden her. Pflanzen lassen sich nicht in Kategorien zwingen. So kommt es recht häufig vor, daß sich ein Strauch als Baum entwickelt. Ist dies bei einer Art häufig der Fall, wurde sie hier aufgenommen. Aus diesen Gründen wurden Walcholder und Efeu beschrieben, die sonst in Baumbüchern fehlen. Zweige und Knospen der laubwerfenden Bäume im Winter wurden besonders genau beschrieben.

Angaben über Größe und Höhe sind nicht verbindlich, da diese ja jedes Jahr zunehmen, was ja ein ganz besonderes Charaktermerkmal der Bäume ist.

Will man das Alter eines Baums schätzen, mißt man am besten den Umfang in ca. 1,5 m Höhe. (Die Zunahme des Stammumfangs ist bei den Bäumen recht einheitlich.) Das jährliche Dickenwachstum beträgt im Mittel 2,5 cm; falls der Umfang 2,5 m mißt, ist der Baum ca. 100 Jahre alt. Eiben, die sehr alt werden, wachsen nach hundert Jahren langsamer; wenn der Stamm einer Eibe einen Umfang von 10 m hat, kann man ihr Alter auf etwa tausend Jahre schätzen. Bei allen Maßangaben handelt es sich um Höchstwerte.

Wie man dieses Buch benützt

Text, Bildunterschriften und Symbole (s. u.) enthalten in gedrängter Form alle notwendigen Angaben, um die notwendigen Bestimmungsmerkmale einer Baumart zu finden. Es ist also nicht nötig, das ganze Buch durchzublättern, aber es empfiehlt sich, die einführenden Seiten zu lesen. Hier werden wesentliche Charakterunterschiede innerhalb der Baumgruppen erklärt und Besonderheiten herausgestellt.

Im Feld sind drei verschiedene Bestimmungsschlüssel zur Hand. Zuerst gilt es, die Gattung herauszufinden. Nachher ist es nicht mehr schwierig, die Art des gesuchten Baums zu bestimmen. In der Einleitung zu «Laubbäume» (S. 70) findet der Leser weitere allgemeine Erläuterungen.

Symbole

P — Selten, meist nur in Parks und Privatgärten	Nadeln gebündelt zu 5
Sommergrün, d. h. Laubfall im Herbst	Nadeln zweizeilig am Trieb
Immergrün, Blätter überwinternd	Vorkommen: sommergrüne Laubwälder
Knospen und Blätter wechselständ./spiralig	Vorkommen: immergrüne Wälder
Knospen und Blätter gegenständig	Vorkommen: Laubmischwälder
Blätter pfriem- oder schuppenförmig	Straßen, Alleen, Parks, Gärten
Blätter rosettig/gebündelt auf Kurztrieben	Waldrand, Hecken, Obstgärten
Nadeln gebündelt zu 2	Vorkommen: feuchte Standorte
Nadeln gebündelt zu 3	♂ männlich ♀ weiblich

Abkürzungen

B	Blatt, Blät-	J	Jahr(e)	S'T	Seiten-
(B'-,-b.)	ter, -blatt	K	Knospe(n)		trieb, -e
Bl,	Blüte, Blü-	m.	mit	T	Trieb
(-bl.)	ten, -blüte	N	Nervatur	Us	Unterseite
cv	Kultivar	0	Null	v.	von
-f.	- -förmig	o.	ohne	Var	Varietät
Fb	Fiederblatt	od.	oder	wst	wechsel-
Fr	Frucht	Os	Oberseite		ständig
gst	gegen-	R	Rinde	Z	Zweig
	ständig	s.	siehe	zus.	zusammen
Infl	Infloreszenz	sp(p)	Art(en)		

Wir bestimmen Bäume

Um eine Pflanze zu bestimmen, genügt es nicht, von einem einzigen Merkmal auszugehen. Vielmehr müssen alle sichtbaren Charaktereigenschaften berücksichtigt werden, da uns eine allein in eine Sackgasse führen könnte. Nehmen wir als Beispiel die Eschen, die bekanntlich gefiederte Blätter haben. Wenn wir nun dieses Merkmal als gesichert annehmen, wird uns die *Einblatt-Esche* einen Streich spielen. Es ist also am besten, wenn es die Jahreszeit zuläßt, möglichst viele Beweisstücke zu betrachten: Blätter, Knospen, Blüten, Früchte, Borke und, nicht zuletzt, ein paar Schritte vom Baum entfernt, den Habitus.

Bevor wir mit Bestimmen beginnen, entscheiden wir, ob der Baum zu den Koniferen (Nadelbäume) oder zu den Laubbäumen gehört, was keine Mühe macht. Der wichtigste Unterschied zwischen diesen beiden: Koniferen gehören zu den Nacktsamern (wie der Name sagt, hat der Same keine besondere Hülle), die Laubbäume dagegen zu den Bedecktsamern, sie entwickeln Früchte. Auffällige Merkmale der Koniferen: Sic sind Zapfenträger, und die Blätter sind meistens nadelförmig. Die Blattformen der Laubbäume hingegen sind vielfältig, formenreich; meistens sind sie größer und breiter. Ferner sind folgende Punkte zu beachten: Das Blatt eines Laubbaums ist veränderlich in der Form, d.h. die Blätter oben im Wipfel sind meistens schmaler und kleiner (Ausnahme: Pappeln!), ebenso beeinflußt das Alter die Blattform. Bei der alten Stechpalme z.B. sind die Blätter fast ganzrandig, sie zeigen also nicht mehr die typisch gebuchtet zugespitzte Form. Und noch etwas müssen wir beachten, wenn wir vor einem gestutzten Baum stehen: Die Zweige haben ein ungewöhnliches Wachstum entwickelt, die Blattform ist untypisch geworden. Bei Kurztrieben finden wir charakteristischere Merkmale.

Blattformen

Blattform und Blattstellung sind genau zu untersuchen. Betrachten wir den zu bestimmenden Baum aus einer gewissen Entfernung, so sehen wir die Farbe des Laubs besser und erkennen auch, ob die Äste aufrecht sind oder hängend. Fingerzeige geben ferner Ansatzstellen der Blattstiele am Trieb. Vor allem müssen wir folgendes beachten: außer dem Blattrand auch den Blattgrund und die Blattspitze, die Struktur, Nervatur oder Aderung, den Blattstiel und auch die Textur des Blatts, z.B. ob die Oberfläche behaart, glatt, rauh, klebrig usw. ist.

Koniferen: Die Abbildungen zeigen vier verschiedene Blattformen. a) Nadeln, **gebündelt,** bei Kiefern vorkommend; die Nadelbündel wachsen aus einer Scheide («Nadel» ist übrigens kein Fachausdruck, sondern beschreibt nur eine Blattform, nämlich die linealische); b) **zweizeilig** oder kammförmig angeordnete Blätter kommen bei Eiben und Tannen vor; c) **pfriemförmige** Blätter, kreuzgegenständig angeordnet, beim Wacholder; d) **schuppenförmig** sind dicht am Trieb stehende Blätter wie z.B. bei Lawsons Zypresse. Weitere Einzelheiten in der Einleitung zu den Koniferen, S. 19.

a b c d

Laubbäume: Die hier abgebildeten Blätter von Laubbäumen zeigen häufig vorkommende Formen, die vielfältiger sind als jene bei Koniferen. Meistens handelt es sich um laubwerfende, also sommergrüne Bäume. Voll ausgebildete Blattformen können demnach nur während einer kurzen Zeitspanne beobachtet werden.

Außer der Blattform muß auch der Blatt**rand** beachtet werden. Er ist **gezähnt** bei **d** und **e; ganzrandig** bei **f.** Auch die Blattspitze (Ende des Blattes) kann spitz (**a**) oder zugespitzt (**f**) sein; der Blatt**grund** (in der Nähe des Blattstiels) ist rund bei **a,** keilförmig bei **b** und **f,** gestutzt bei **c** und herzförmig bei **d** (s.S. 113, *Morus nigra*). Weitere Einzelheiten s. Einleitung zu den Laubbäumen, S. 70.

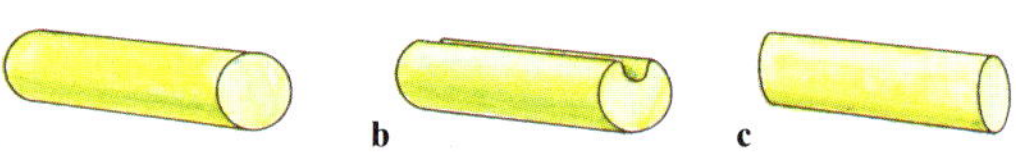

Auch die Form des **Blattstiels** (s.o.) kann von Bedeutung sein, besonders bei Kreuzungen. Er ist rund (**a**), kann aber auch gekielt rinnig (**b**) (Vogelkirsche) oder abgeflacht (**c**) (Espe) sein. An der Stielbasis sitzt eine Knospe, und die Ansatzstelle des Stieles ist meist halbmondförmig. Bei einigen Arten wird die Knospe vom verbreiterten Blattsielende eingefaßt. An dieser Stelle hinterläßt das abfallende Blatt eine Narbe.

Triebe und Knospen

Im Frühjahr sprießen neue **Triebe** aus den Knospen, und im Sommer werden die Triebe härter und verholzen; in diesem Zeitpunkt beginnen sie für die nächste Wachstumsperiode neue Knospen anzulegen.

Triebe weisen folgende Merkmalsunterschiede auf: Farbe, Form, kahle oder behaarte Oberfläche; im Querschnitt sind sie oft rundlich, auch kantig oder, bei einigen Arten, geflügelt. Schneidet man einen Trieb längsseits (Abb. **c**), ist der innere Aufbau gut sichtbar. In der Mitte liegt das **Mark,** das manchmal gute Hinweise beim Bestimmen liefert. Zwar ist es im allgemeinen eine amorphe Masse, aber Farbe und Textur geben Anhaltspunkte. Es kommt vor, daß das Mark gekammert ist (Abb. **b**).

Auch **Knospen,** die meist schon während der kalten Jahreszeit vorhanden sind, bieten verläßliche Bestimmungsmerkmale. Am Trieb-

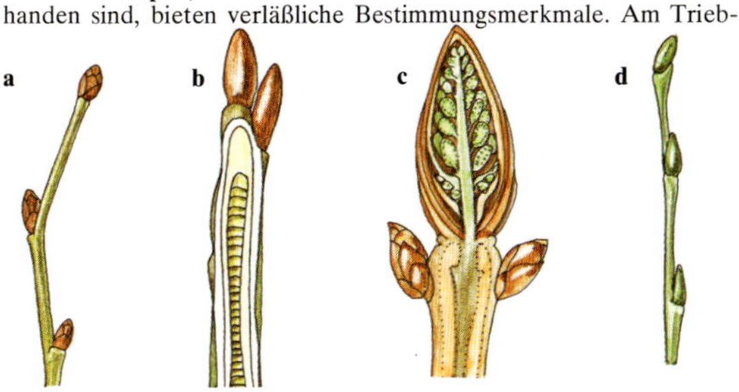

ende wächst gewöhnlich eine Knospe, die sogenannte Endknospe. Von hier aus wächst der Trieb weiter; Seitenknospen werden längs des Triebs angelegt, die wiederum neue Seitentriebe hervorbringen. Auch diese Seitenknospen weisen verschiedene Formen auf. Hauptsächliche Unterschiede zeigen die obigen Abbildungen: entweder sind die Knospen wechselständig (**a, b, d**) oder gegenständig (**c**). Die Knospen, ihr Aussehen und ihr Sitz, sind beim Bestimmen der Bäume ein nützliches Hilfsmittel, Zypressen z.B. tragen keine Endknospe im Winter, hingegen sitzen jene der Eiche dichtgedrängt am Triebende. Sogenannte «schlafende Knospen» sind recht vielen Baumarten eigen. Sie liegen knapp unter der Rindenoberfläche und sind für einen Baum lebenswichtig, da sie gewissermaßen eine Unfallversicherung darstellen. Wenn der Endtrieb verletzt wird oder plötzlich mehr Licht erhält, erwachen die «schlafenden Knospen» und treiben aus. Aus ihnen entstehen nach scharfem Rückschnitt die «Wasserreiser».

Verschiedenartig sind die Knospen auch in Form, Größe und Farbe. Sie können oval, rund, zylindrisch, kegel- oder spindelförmig sein. Bei einigen Arten haben die Knospen einen harzigklebrigen Überzug.

Im Bestimmungsschlüssel wird auch auf die Knospenschuppen hingewiesen, die eine Schutzfunktion haben. Die Zahl der Schuppen variiert. Einige Baumarten haben überhaupt keine oder nur eine einzige, andere wieder weisen zwei oder sogar viele Schuppen auf.

Dornen und Stacheln

Charakteristisch für gewisse Bäume sind Dornen und Stacheln. Am augenfälligsten sind Zahl und Form. Häufig findet man einen einzigen Dorn (**a**) oder zwei gegenständige (**b**) oder einen langen mit Verzweigungen (**c**). Sie entstehen meistens an den Trieben. Unterhalb der Dornen bilden sich oft Knospen (**a**).

Borke und Rinde

Borke und Rinde, äußerste Schutzhüllen des Baumstammes, sind besonders nützliche Hilfsmittel, um eine Art zu erkennen, da sie das ganze Jahr über gut sichtbar sind. Junge Borke ist gewöhnlich noch glatt, hingegen wird die alte meist rissig, da der Stammumfang zunimmt. Gerade diese verschiedenartigen Risse und Furchen sind aufschlußreiche Merkmale. Die Farbe der Borke und Rinde läßt sich besser im oberen Teil des Baumstamms bestimmen. Drei häufig vorkommende Borken- und Rindentypen sind in den untenstehenden Abbildungen festgehalten: **a** schuppig, **b** streifig abrollend, **c** gefeldert, gefurcht.

a

b

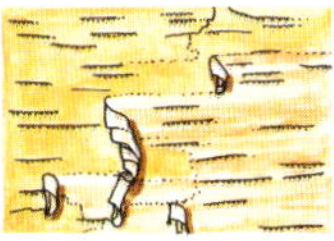

c

Botanische Fachausdrücke

Absenker Fähigkeit eines Baums, eine neue Pflanze zu bilden, indem ein Zweig, der den Boden berührt, Wurzeln ausbildet.
Anliegend Eng angedrückt an einen Pflanzenteil, z.B. Knospe gegen Zweig (Hagebuche, S. 93), Trieb, Sproß.
Arillus Fleischiggewordene Schale eines Samens (Eibe, S. 22).
Asymmetrisch Ungleich lange Seiten des Blattgrunds, schief, häufig bei Ulmen (S. 107).
Bart, bärtig Behaarung zwischen Blattnervwinkel.
Bereift Abwischbarer, wächserner, meist bläulicher Überzug auf Blatt, Stengel, Frucht.
Blattachsel Winkel zwischen Stengel/Zweig und Blattstiel.
Blattkissen Vielförmiger, meist erhöhter Blatt- (Nadel-) Ansatz bei den Koniferen.
Blattnarbe Noch sichtbarer «Abdruck» des abgefallenen Blattstiels.
Blattnervachsel Oberer Winkel zwischen zwei sich berührenden Blattnerven.
Blattnerven vertieft Blattnervatur ist in der Blattspreite eingesenkt (Hagebuche, S. 93).
Blattpolster Deutliche Schwellung auf einem Zweig, wo der Blattstiel sitzt.
Blattrand Randformen der Blattspreite.
Blattschuppen Das Blatt ist so stark reduziert, daß es nur noch als Schuppe erscheint.
Blattspreite Flächiger Teil eines Blattes.
Blattstiel Stengelartiger Teil eines Blattes.
Braktee (= Hochblatt, Deckblatt, Tragblatt) Blattartiges Gebilde im Blütenstand; am Grund einer Blüte oder eines Blütenstieles.
Dachziegelig Überlappend, wie die Ziegel eines Dachs.
Dolde Blütenstand, dessen Blütenstiele von einem Punkt ausgehen.
Doldentraube Doldenartiger halbkugelförmiger oder flacher Blütenstand, dessen Blütenstiele sich jedoch nicht an einem Punkt verzweigen.
Doppeltgefiedert Die Teilblättchen eines gefiederten Blatts (s.d.) sind ebenfalls gefiedert (z.B. *Gleditsia*, S. 146).
Dreizählig Aus drei Teilen bestehend, z.B. Nadeln zu dritt (Monterey-Kiefer, S. 63).
Eiförmig Blattspreite ist unterhalb der Mitte am breitesten.
Einfach Blatt mit einfacher Spreite (Tulpenbaum, S. 119).
Einhäusig Männliche *und* weibliche Blüten *getrennt,* aber auf *derselben* Pflanze.
Fieder Teilblatt eines zusammengesetzten, gefiederten Blattes.

Flaumig Kurze, weiche Behaarung eines Pflanzenteils.
Fruchtblatt Weibliche Einheit der Blüte, die aus Narbe, Griffel und Fruchtknoten besteht.
Fruchtknoten Weiblicher Teil einer Blüte, der die Samenanlage(n) umschließt.
Ganzrandig Blattrand, der weder gelappt noch gezähnt ist.
Gebuchtet Aus- und Einbuchtungen, z.B. des Blattrandes (Mammutbaum, S. 38).
Gebündelt Blatt- od. Blütenstiele, fast vom gleichen Punkt ausgehend.
Gefiedert Zusammengesetztes Blatt mit regelmäßig angeordneten Teilblättchen an einer Rachis (S. 6).
Gefurcht Abwechselnd vorgewölbt und gekerbt.
Gegenständig Blätter oder Zweige stehen paarig auf gleicher Höhe.
Gekammert Beim Stengel eines Sprosses ist das Mark durch Hohlräume unterteilt.
Gekerbt Blattrand mit runden, breiten Zähnen und spitzen Einschnitten.
Gelappt Gerundete Ausbuchtungen, Einschnitte spitz (Blattrand).
Gestutzt Abruptes Ende eines Blattgrundes oder einer Blattspitze.
Geöhrt Mit Öhrchen versehen (z.B. Blattgrund der Stieleiche S. 99).
Gewimpert Wimpernähnliche Behaarung, meist am Blattrand.
Gezähnelt Mit sehr kleinen Zähnen versehen (Blattrand).
Gezähnt Blattrand mit spitzen Zähnen und runden Einbuchtungen.
Habitus Erscheinungsbild eines Baumes, Strauches oder Krautes aus einiger Entfernung.
Handförmig Einfaches oder zusammengesetztes Blatt, das die Form von gespreizten Fingern einer Hand hat.
Herzförmig Blattgrund der Spreite mit herzförmigem Einschnitt (Maulbeere, S. 113).
Hilum Blasser Fleck an der Basis eines hartschaligen Samens/Frucht (Haselnuß).
Hochblätter Blätter, die im Blütenstand stehen.
Hybride Pflanzen, deren Eltern verschiedenen Arten derselben Gattung angehören; in diesem Fall bezeichnet man den Namen der Hybride mit einem «×» zwischen Gattung und Art, z.B. *Tilia × euchlora.* Oder – weniger häufig – Kreuzungsprodukt zweier Arten von zwei verschiedenen Gattungen; dann wird «×» vorangestellt, also × *Cupressocyparis leylandii.*
Kahl, nackt Glatt, nicht behaart.
Kappen Ein Baum wird oft zurückgeschnitten, um das Wachstum zu beschleunigen.
Kätzchen Meist hängender, ähriger, eingeschlechtlicher Blütenstand mit vielen dichtgedrängten Einzelblüten.
Keilförmig Blattgrund, in den Blattstiel sich verschmälernd.
Kelch Becherförmiger, aus einzelnen oder verwachsenen Blättern bestehender Teil, der eine Blüte umhüllt.
Klappe Teil einer klappig aufspringenden Spaltfrucht (valvat).
Klon Gruppe von Individuen, die aus vegetativer Vermehrung entstanden sind und die gleiche Erbmasse besitzen.
Knospenschuppen Schützende Hüllorgane der Blüten- oder Blattknospe.
Kreisrund Mehr oder weniger runde Blattspreite.
Krone Oberer Teil eines Baums mit Verzweigung und Laubwerk.
Kultivar Baum oder Strauch, der, meistens durch Kreuzung zweier wildwachsender Arten, gezüchtet und in Gärten kultiviert wird.
Kupula Viele schuppenartige Tragblättchen, die sich in eine becherartige Form umwandeln (Eichel).
Lanzettlich Schmal und länglich wie eine Lanze; viele Weidenarten zeigen diese Blattform.
Leitsproß Meist jüngster Sproß eines Baums; kann z.B. «überlehnend» sein und zu einem Bestimmungsmerkmal werden.
Lentizelle Erhabene oder vertiefte Punkte auf der Rinde, meist elliptisch, weiß-bräunlich. Rindenporen.
Mark Weicher zentraler Teil eines meist jungen Triebs.
Mittelnerv Haupt- oder mittlerer Nerv eines Blattes.
Nebenblatt Blattförmige Anhängsel, meistens beim Blattstiel.

Nervatur Muster der Nerven einer Blattspreite.
Operculum Deckel einer Blütenknospe (Eukalyptus, S. 174), fällt beim Öffnen der Blüte ab.
Pfriemförmig Schmales, spitzzulaufendes Blatt.
Photosynthese Das Blattgrün absorbiert mit Hilfe des Sonnenlichts aus der Luft Kohlendioxyd und Wasser, verwandelt diese in Stärke und Zukker; hauptsächlich Sauerstoff und Wasser werden wieder abgegeben.
Pneumatophor Spezielle Luftwurzeln der Sumpfzypresse, die an nassen Standorten (S. 37) den Wurzeln Luft zuführen.
Quirl, quirlständig Drei oder mehr Organe auf gleicher Höhe des Triebes angewachsen (z. B. Blätter, Blüten).
Rachis Haupt- oder Mittelnerv eines Blattes oder Hauptachse eines Blütenstands.
Rispe Zusammengesetzter Blütenstand mit verlängerter Hauptachse und verzweigten traubigen Seitenachsen.
Säulenförmig Verzweigung aufrecht, schmal zulaufend (Pyramidenpappel, S. 75; Zypresse, S. 99).
Scheide Röhrenförmige Hülle, die ein Nadelbündel umgibt.
Scheinfrucht Eine Frucht, an deren Bildung sich auch noch andere Teile als die Fruchtblätter (z.B. Blütenbecher) beteiligen (Holzapfel, S. 130).
Sitzend Ohne Blatt- oder Blütenstiel.
Spaltöffnungen (= Stomata) Öffnungs- und Schließzellen, die dem Gasaustausch dienen (Photosynthese, s.d.).
Stamm Aufrechter, holziger Teil eines Baumes.
Steinfrucht Fleischige Frucht, deren Kern ein «Stein» ist.
Stiel Teil, auf dem eine Blüte oder ein Blatt sitzt oder sitzen kann.
Tragblatt Formenreich umgewandeltes Blatt, aus dessen Achsel eine Blüte entspringt. Es kann als Schauorgan dienen, d.h. die Blüte ist unscheinbarer als das Tragblatt (z.B. Taubenbaum, S. 173). Bei Koniferen oft schuppenartig umgewandelt (S. 19).
Traube, traubig Blütenstand mit gestielten Blüten an einer Spindel.
Trugdolde Doldenartiger Blütenstand mit symmetrischer Verzweigung der Blütenstandstiele.
Verkehrt eiförmig Die Blattspreite ist über der Mitte am breitesten.
Wechselständig Blätter einzeln, meist spiralig angeordnet, also nicht auf gleicher Höhe.
Wollig Dichte, wollige Behaarung.
Zugespitzt Blattspreite, die plötzlich in einer Spitze endet.
Zusammengesetzt Aus Teilblättchen bestehend, z.B. Fiederblatt.
Zweihäusig Männliche und weibliche Blüten entwickeln sich auf verschiedenen Individuen, z. B. alle Weidenarten (s. S. 79ff).

Bestimmungsschlüssel

Bitte stellen Sie Ihre Bedenken gegen botanische Schlüssel zurück, denn sie sind eine bewährte, unentbehrliche Bestimmungshilfe. Die drei Schlüssel «Koniferen», «Laubbäume» und «Gehölze im Winter» führen zur Gattung der zu bestimmenden Baumart und zur entsprechenden Seitenzahl. Es ist wirklich nicht mehr schwierig, die richtige Art herauszufinden!

Noch ein Rat: Sammeln Sie nur Material mit charakteristischen Merkmalen, damit die Fragen leichter zu beantworten sind. Wenn Sie z. B. die erste Frage mit «Ja» beantworten, gehen Sie weiter und kommen auf diese Weise zur richtigen Gattung mit der angegebenen Seitenzahl; lautet die Antwort «Nein», gehen Sie, wenn nur eine Möglichkeit zur Wahl steht, zur nächsten Zahl über. Schließlich stoßen Sie zu jener Gattung vor, zu der die gesuchte Baumart gehört. Im Winter, wenn die Bäume entlaubt sind, sammeln Sie die am Boden liegenden Blätter und/oder einen Zweig des unbekannten Baums und greifen zu dem «Laubbaum-Schlüssel» und/oder zu dem «Gehölze-im-Winter-Schlüssel». Im letzteren sind Knospen und Endknospen abgebildet. Die Schlüssel lernt man am besten kennen, wenn man zuerst eine bekannte Baumart bestimmt. Wie nützlich und hilfreich diese Entschlüsselungen sind, zeigt sich erst so recht bei praktischer Anwendung. Sie werden bald erfreut feststellen, welch große Fortschritte Sie im Bäumebestimmen machen.

Vorschlüssel

1 a Baum trägt Blätter ▷ **2**
b Baum trägt keine Blätter **C-Schlüssel**

2 a Blätter nadel- od. schuppenförmig; Nerven fehlen oder sind parallel (selten) **A-Schlüssel**

b Hauptnerven verzweigt **B-Schlüssel**
c Nervatur parallel, mehr als 30 cm lang *Cordyline* 188 od. *Trachycarpus* 188

A-Schlüssel Koniferen (Nadelbäume)

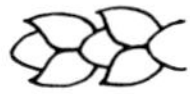

1 a B breit (mehr als 4 mm) N parallel ▷ **2**
b B schmal od. schuppenförmig ▷ **3**

2 a B'grund sehr breit, hart, stechend *Araucaria* 24
b B'spitze breiter, weich, gebuchtet rundlich *Gingko* 21

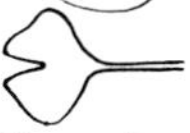

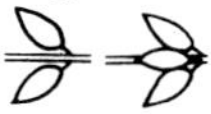

3 a B einzeln, gst. od. wirtelig zu 3 ▷ **4**
b B spiralig, einzeln od. gebündelt zu 2–5 ▷ **8**

4 a B linealisch, farnartige Wedel junge Knospen unterhalb S'T *Metasequoia* 38
b B schuppen- od. pfriemförmig ▷ **5**

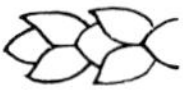

5 a Fr beerenartig, B nadelf., zu 2–3 *Juniperus* 34
b Fr Zapfen, B immer gegenständig ▷ **6**

6 a B an abgeflachten Zweigen ▷ **7**
b B an dreidimensionalen Zweigen *Cupressus* 25

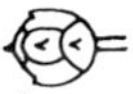

7 a Zapfen rundlich × *Cupressocyparis* 27 od. *Chamaecyparis* 28
b Zapfen oval-rundlich *Thuja*/ *Biota* 32 *Thujopsis* 33, *Calocedrus* 34

8 B länglich (10–15 cm), lockere Wirtel *Sciadopitys* 39

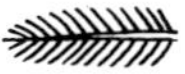

9 a B fein, dünn, farnartige Wedel *Taxodium* 37
b B anders als obige ▷ **10**

10 a Trieb nicht grün (außer sehr junger Trieb) ▷ **11**
b Trieb mindestens 2 Jahre lang grün oder gelbgrün ▷ **16**

11 B gebündelt zu 2, 3 od. 5 *Pinus* 60

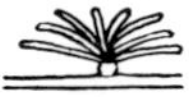

12 a B an zwei j. od. älteren Trieben in Rosetten ▷ **13**
b B immer einzeln, locker stehend ▷ **14**

13 **a** B weich, gelblich im Herbst, Zapfenschuppen offen, ausdauernd *Larix* 52

b B hart, Zapfenschuppen abfallend *Cedrus* 50

14 B mit auffälligem Blattpolster an Trieben *Picea* 56 od. (seltener) *Tsuga* 58

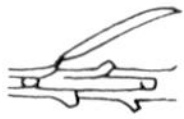

15 **a** Zapfen klein (unter 3 cm) hängend, Knospen sehr klein (unter 2 mm), rundlich *Tsuga* 58

b Zapfen über 3 cm, hängend, überdauernd, vorstehende dreizackige Brakteen *Pseudotsuga* 49

c Zapfen aufrecht, über 5 cm mit abfallenden Schuppen *Abies* 41

16 **a** B flach, linealisch, zweizeilig ▷ **17**

b B rund im Querschnitt ▷ **19**

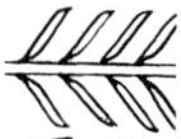

17 B Borke sehr dick, weich, fasrig *Sequoia* 37

18 **a** B zugespitzt, schneidend-scharf *Torreya* 22

b B weicher *Taxus* 22, *Podocarpus* 23 od. *Saxegothaea* 23

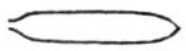

19 **a** B kurz (4–7 mm), spitz, punktierte Us.; Borke dick, weich *Sequoiadendron* 36

b B länger (bis 1,5 cm), weniger angedrückt; Borke dünn, streifig, fasrig *Cryptomeria* 39

B-Schlüssel Sommergrüne Laubbäume

Ein * bedeutet, daß mindestens einige Arten der Gattung immergrün sind.

1 **a** B gegenständig od. fast gegenständig ▷ **2**

b B wechselständig ▷ **12**

c B in Wirteln zu 3 od. gegen- und wechselständig *Lagerstroemia* 181, *Fraxinus* 182 (selten) oder *Catalpa* 187

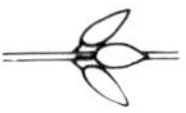

2 **a** B zusammengesetzt ▷ **3**

b B einfach ▷ **4**

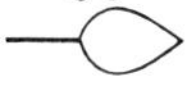

3 **a** B unpaarig gefiedert *Euodia* 152, *Acer* 154, *Eucryphia** 171 od. *Fraxinus* 182

b B gefingert *Acer* (selten) 154, *Aesculus* 166

4 **a** B gezahnt oder gelappt/gebuchtet ▷ **5**

b B ganzrandig (od. 1–2 große Lappen od. Zähne) ▷ **8**

5 B'rand gebuchtet/gelappt *Acer** 154

6 B hart, lederig, dunkelgrün
*Eucryphia** 171 oder *Phillyrea** 186

7 a B schmal, oval; Trieb fast vierkantig
Euonymus 152

b B oval, B'grund herzförmig, Trieb rundlich, braun *Cercidiphyllum* 115

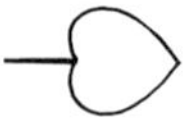

8 a B lederig, immergrün, oben blaugrün oder glänzend ▷ **9**
b B weder lederig noch immergrün ▷ **11**

9 a B weidenähnlich, unterseits filzig, weißlich *Olea** 185

b B kahl ▷ **10**

10 a B beidseitig gleich, wächsern
*Eucalyptus** 174
b B Ober- u. Unterseite ungleich, oberseits glänzend *Ligustrum** 185

11 a B weniger als 10 cm, Nervatur gegen B'spitze zulaufend *Cornus* 176

b B mehr als 10 cm *Paulownia* 186 od. *Catalpa* 187

12 a B einfach ▷ **20**

b B gefiedert ▷ **13**

c B doppelt gefiedert *Gleditsia* 146, *Acacia** 147 od. *Koelreuteria* 171

13 B immer dreizählig
Laburnum 148

14 Mark gekammert, nicht hart
Juglans 84 oder *Pterocarya* 85

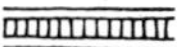

15 Endfiederblättchen od. 3er-Endblättchen am größten *Carya* 86

16 a Knospe vom Grund des B'stieles verdeckt ▷ **17**

b Knospe gut sichtbar ▷ **18**

17 a Trieb rund, glatt, grün, gelb oder weißlich *Gleditsia* 146, *Sophora* 147 oder *Rhus* 150
b Trieb rissig, braun *Robinia* 146

18 a Fiederblatt ganzrandig oder im unteren Teil des B 1–3 Zähne *Ailanthus* 149 od. *Rhus* 150

b Fiederblätter gezähnt ▷ **19**

19 a regelmäßig gezähnt *Sorbus* 124 od. *Rhus* 150
b grob, unregelmäßig gezähnt *Koelreuteria* 171

20 B'grund gestutzt, B'spreite mit 4 großen Lappen *Liriodendron* 119

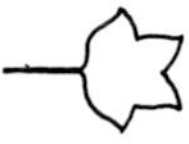

21 mehrere B an Triebspitze, längs Trieb nur einzelne; Frucht = Eichel *Quercus** 98

22 Rinde im oberen Teil der Krone glatt; orangerot und rötlichgelb abblätternd *Arbutus** 178

23 **a** B ganzrandig, also ohne Zähne ▷ **24**
b B gezähnt oder gelappt ▷ **31**

24 B beidseitig gleich, hängend *Eucalyptus** 174

25 Rinde braun, abblätternd, wird gelb und rosa *Parrotia* 120

26 **a** B'rand gewellt oder gekräuselt ▷ **27**
b B'rand eindeutig ganzrandig ▷ **28**

27 **a** B stark glänzend, dunkelgrüne Oberseite *Diospyros* 179
b B blaßgrün, schwach glänzend *Pittosporum** 165
c Nervatur vertieft, unterseits flaumig behaart *Salix* 179

28 B fast kreisrund *Cercis* 145

29 B'nerven gegen die B'spitze zulaufend *Cornus* 176

30 **a** B elliptisch bis verkehrt-eiförmig *Salix* 79, *Magnolia* 116, *Cotoneaster** 125 od. *Nyssa* 172
b B lanzettlich *Embrothrium** 119, *Cotoneaster** 125 od. *Pyrus* 133

31 **a** B gelappt ▷ **32**
b B gezähnt, gesägt, nicht gelappt ▷ **36**

32 **a** B'nerven verzweigen sich von B'stiel aus (handförmig) ▷ **33**
b B'nerven verzweigen sich von Mittelrippe aus *Crataegus* 122 od. *Sorbus* 124

33 Knospe vom B'stielgrund verdeckt *Platanus* 153

34 B unterseits dicht behaart *Populus* 73

35 **a** Ausbuchtungen stumpf, rundlich *Morus* 113, *Ficus* 114 od. *Kalopanax* 175
b spitz gezähnt *Liquidambar* 120 od. *Kalopanax* 175

36 B'rand dornig gezähnt *Castanea* 167 od. *Ilex** 151

37 Trieb abstehend, drüsig behaart *Corylus* 92

38 **a** B eirund, größer als 4 cm, B'grund oft schief herzförmig, *Tilia* 168 od. *Davidia* 173
b B kleiner als 4 cm, anders als obige ▷ **39**

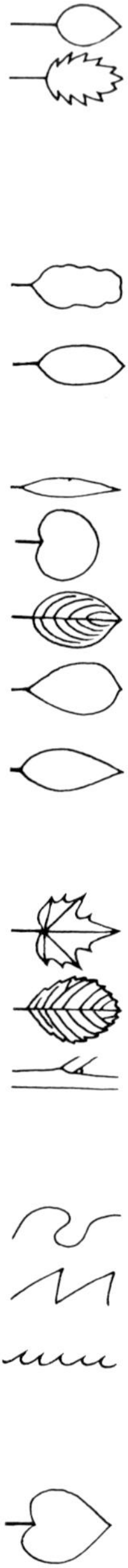

39 B pyramidenf. od. kreisrund; B'stiel abgeflacht, B unterseits weißfilzig *Populus* 73

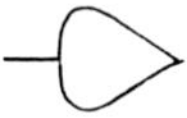

40 **a** Mark fein gekammert, Frucht 4kantig geflügelt *Halesia* 181
b Mark nicht gekammert ▷ **41**

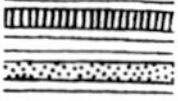

41 **a** B'N stark vertieft *Salix* 79, *Carpinus* 93, *Nothofagus* 96 od. *Parrotia* 120
b Nervatur nicht vertieft ▷ **42**

42 Oben am B'stiel meist 2 (1–4) Drüsen *Prunus* 134

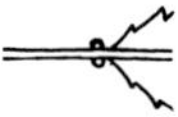

43 B lanzettlich *Salix* 79

44 B unterseits silbrigweiß behaart *Sorbus* 124 od. *Malus* 130

45 B'rand gewellt od. gekräuselt *Alnus* 90, *Fagus* 94, *Stewartia* 172 od. *Styrax* 180

46 B'grund schief, B'rand doppelt gezähnt, *Ulmus* 107

47 B längl.-eiförmig, 5–15 cm, meist sitzend (o. B'stiel), gezähnelt, beiderseits flaumig behaart *Mespilus* 125

48 Frucht (Kätzchen) verholzt, überdauernd, zapfenförmig *Alnus* 90

49 Frucht zylindrisch od. längl.-eiförmig, abfallend *Betula* 87

50 B dunkelgrün, glänzend, schmalelliptisch, Frucht erdbeerähnlich *Arbutus** 178

51 B mit 6–12 Nervenpaaren, einfach, grob kerbig-gezähnt *Zelkova* 112, *Ulmus* 107

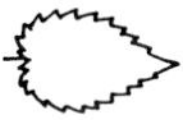

52 Rinde silbergrau, gefurcht, B'N vertieft *Carpinus* 93

53 Trieb mit Dornen; Frucht beerenartig *Crataegus* 122

54 **a** Blüten und Früchte in Dolden *Malus* 130

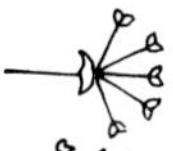

b Blüten, Früchte in Trauben ▷ **55**

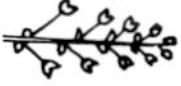

55 B fast rund oder elliptisch, dicht behaart, unterseits bläulich *Styrax* 180

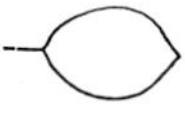

56 **a** B kleiner als 5 cm; matt; blüht im Frühjahr *Amelanchier* 121
b B über 5 cm, glänzend; blüht im Herbst, *Oxydendrum* 179

C-Schlüssel Gehölze im Winter

1 **a** K gegenständig od. wirtelig zu 3 ▷ **2**
b K wechselständig ▷ **11**

2 B'narbe oberhalb K; Borke fasrig, rotbraun *Metasequoia* 38

3 **a** K mit zwei K'schuppen ▷ **4**
b K mit mehreren od. ohne K'schuppen ▷ **5**

4 **a** K länglich spitz *Cornus* 176
b K gestielt *Acer* 154
c K zugespitzt; Trieb geflügelt od. geriffelt *Lagerstroemia* 181

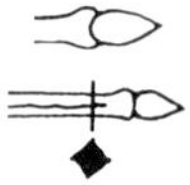

5 K vierkantig, im 1. Winter grün *Euonymus* 152

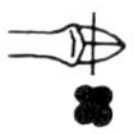

6 **a** Endknospe fehlt ▷ **7**
b mit Endknospe ▷ **8**

7 **a** Trieb zart u. dünn, K 3–6 mm, rotbraun *Cercidiphyllum* 115
b Trieb kräftiger, über 5 mm; K kleiner als 2 mm *Paulownia* 186 od. *Catalpa* 187

8 K ohne Schuppen, nackt *Euodia* 152

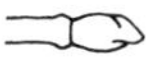

9 **a** K mit 4–8 K'schuppen, dicht behaart *Fraxinus* 182
b K mit mehr als 8 K'schuppen ▷ **10**

10 **a** Trieb kräftig, große, klebrige K. *Aesculus* 166
b Trieb weniger dick, weniger als 8 mm, nicht klebrig *Acer* 154

11 **a** Trieb mit Dornen ▷ **12**
b Trieb unbewehrt ▷ **13**

12 **a** Beiderseits der K je ein brauner Dorn *Robinia* 146
b Dornen verzweigt kräftig, auch am Stamm *Gleditsia* 146
c Dornen spitz, einzeln, gerade, bes. bei *Crataegus* 122; seltener bei *Mespilus* 125, *Malus* 130, *Pyrus* 133, *Prunis* 134

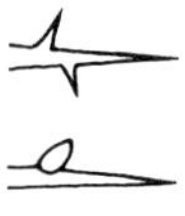

13 **a** ♂ Kätzchen am Triebende im Winter sichtbar ▷ **14**
b nicht wie oben ▷ **16**

14 K gestielt; Fruchtzäpfchen holzig, überdauernd *Alnus* 90

15 **a** Trieb rauh behaart; Frucht eine Nuß *Corylus* 92
b Trieb nicht behaart, Frucht kätzchenartig Betula 87

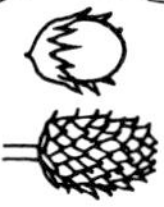

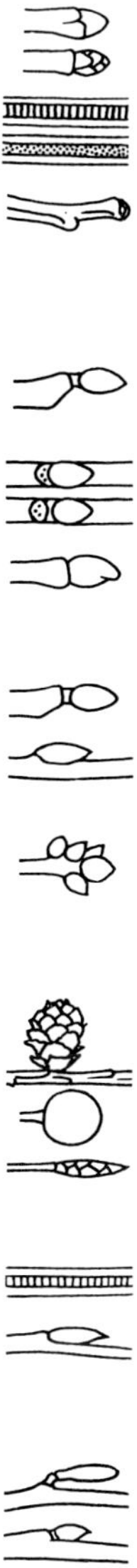

16 **a** K ohne Schuppen ▷ **17**
b K mit Schuppen ▷ **20**

17 **a** Mark gekammert *Pterocarya* 85
b Mark nicht gekammert ▷ **18**

18 **a** Trieb geriffelt, braun *Robinia* 146
b Trieb rundlich ▷ **19**

19 **a** Trieb grün *Gleditsia* 146
b Trieb braun od. bräunlich *Rhus* 150

20 **a** Knospe mit 1 Schuppe ▷ **21**
b Knospe mit 2+ Schuppen ▷ **24**

21 **a** B'narbe umgibt K ▷ **22**
b B'narbe unterhalb K ▷ **23**

22 **a** K kegelförmig, einzeln *Platanus* 153
b K angedrückt, meist 2 od. mehr zusammen *Styrax* 180

23 **a** Endknospe groß, am Grund eingeschnürt *Magnolia* 116
b Endknospe fehlend, Seitenknospe angedrückt, konisch *Salix* 79

24 Mehrere Winterk. zus. am Triebende; längs T nur vereinzelt, kleiner *Quercus* 98

25 **a** Einzelknospe auf Kurztrieb ▷ **26**
b mehrere K od. T nicht kurz ▷ **27**

26 **a** Trieb gefurcht, Zapfen überdauernd *Larix* 52
b Trieb rundlich, Steinfrucht *Gingko* 21

27 K spindelförmig, spitz, 2 cm *Fagus* 94

28 Frucht 4flügelig *Halesia* 181

29 Mark gekammert *Juglans* 84

30 K spitz zulaufend, angedrückt *Carpinus* 92 od. *Nothofagus* 96

31 K klebrig *Populus* 73 od. *Sorbus* 124

32 **a** Knospe gestielt ▷ **33**
b Knospe sitzend ▷ **34**

33 **a** Rinde rötl. od. graubraun, unregelm. sich ablösend, neue R braun/gelb *Parrotia* 120
b Rinde regelmäßig gefurcht *Liriodendron* 119

34 **a** Trieb grün od. grünlich ▷ **35**
b Trieb nicht wie oben ▷ **40**

35 **a** Trieb 2+ J grün bleibend ▷ **36**
b Trieb nur z.T. od. nur 1 J. grün ▷ **38**

36 B'narbe rings um K *Gleditsia* 146
od. *Sophora* 147

37 **a** B'knospe mit 2 ungleichen Schuppen
Tilia 168
b B'knospe mit 2+ Schuppen
Laburnum 148

38 **a** Knospe groß, mehr als 5 mm
Carya 86 oder *Ficus* 114
b Knospe weniger als 5 mm ▷ **39**

39 **a** K gelbgrün *Oxydendrum* 174
b K rotbraun *Nyssa* 172
c nicht wie obige *Prunus* 134

40 **a** Trieb kantig *Castanea* 107
b Trieb korkig gerippt oder geflügelt
Liquidambar 120 oder *Ulmus* 107
c Trieb rund ▷ **41**

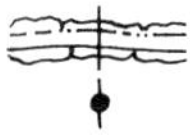

41 **a** Trieb über 5 mm ▷ **42**
b Trieb weniger als 5 mm ▷ **43**

42 **a** K groß, Trieb stachelig
Kalopanax 175
b K klein, Trieb unbewehrt
Ailanthus 149

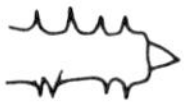

43 **a** K mit 2–3 Schuppen ▷ **44**
b K mit 4+ Schuppen ▷ **46**

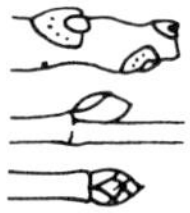

44 K mit 3 Schuppen, Rinde schwarz,
eckig gefeldert *Diospyros* 179

45 **a** Trieb blaßrot od. kupferrot
Koelreuteria 171
b Trieb kantig *Tilia* 168

46 K oval, spitz, rotglänzend od.
kastanienbraun *Morus* 113,
Sorbus 124, *Pyrus* 133, *Prunus* 134,
Davidia 173

47 **a** 2 od. mehr K; deutl. oberh.
B'narbe ▷ **48**
b K einzeln oberh. B'narbe ▷ **49**

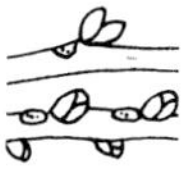

48 **a** K seidig; Borke abblätternd
Stewartia 172
b Borke d'rot; Hülsenfrucht hängend,
an älterem Holz *Cercis* 145

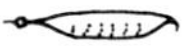

49 Rinde rotbraun, streifig; Zweige
rötlich, biegsam *Taxodium* 37

50 K klein, weniger als 2 mm *Ulmus* 107,
Zelkova 112, *Halesia* 181

Koniferen (Nadelbäume)

Zu den Gymnospermen gehören drei verschiedene botanische Ordnungen: Gingko, Eiben und Koniferen. Deutschland, Österreich und die Schweiz haben rund fünfzehn einheimische Koniferenarten. Viele andere Nadelbäume wurden aus Asien und Nordamerika eingeführt und angepflanzt. Für die Forstwirtschaft sind sie als gute Holzlieferanten von großer Bedeutung. Zudem sind Koniferen meist schnellwüchsig und Boden und Klima gegenüber anspruchslos. Von weitem sind sie an ihrem aufrechten Habitus erkennbar.

Koniferen haben alle nackte Samen, deshalb werden sie mit wissenschaftlichem Namen als Nacktsamer *(Gymnospermae)* bezeichnet; zu den Bedecktsamern *(Angiospermae)* gehören unsere Laubbäume. Bei den Koniferen bilden sich die Samen in den weiblichen Blütenzäpfchen aus; wenn die Samen reif sind, öffnen sich die Schuppen und geben die Samen frei.

Da die Blüten der Nacktsamer stets unscheinbar sind, ist es besser, Merkmalsunterschiede z.B. bei Habitus, Blättern und Zapfen zu suchen. Koniferen wachsen meist aufrecht, sie haben einen einzelnen Stamm, Seitenäste sind eher dünn und in der Wipfelgegend meist kürzer. Einige verändern sich im Alter, so die Europäische Lärche und die Weiß-Tanne, deren Gipfel oft gegabelt sind. Eiben sind häufig mehrstämmig mit vielen Austrieben.

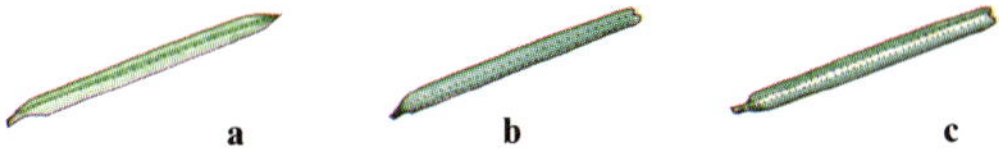

Die obigen Abbildungen zeigen wichtige Unterschiede der nadelförmigen Blätter: **a** spitze, steife Nadel der Gemeinen Fichte (Rottanne), **b** und **c** vorn gestutzte, abgeflachte Nadel der Weiß-Tanne; Unterseite weiß gebändert, wo sich die Stomata (Spaltöffnungen) befinden, die den Wasserhaushalt und die Photosynthese regeln. Die Nadelblätter der Koniferen sind meistens spiralig angeordnet, hin und wieder erscheinen sie zweizeilig-kammförmig. Bei einigen Arten sitzen die Blätter auf Kurztrieben, besonders bei Zedern, Lärchen und Gingko. Die Nadelblätter wirken quirlständig, obschon alle spiralig-schraubig angeordnet sind.

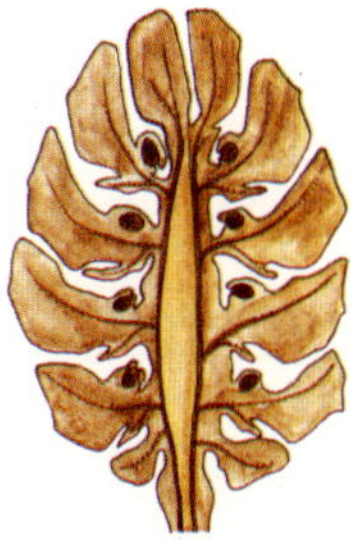

Samenreife im Herbst, sechs bis achtzehn Monate nach der Befruchtung; meistens öffnen sich die Zapfenschuppen bei trockenem Wetter und geben die Samen frei. Zwischen Samen- und Deckschuppe sitzen gut geschützt die Samen *(links)*.

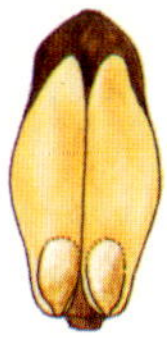

Die geflügelten Koniferensamen werden vom Wind verbreitet. Zwischen den Schuppen sind je nach Art ein bis zwanzig Samen. Es gibt Arten, deren Samen an den Schuppen hängenbleiben, die sich erst im Lauf der Zeit ablösen und zu Boden fallen.

a **b** **c**

Wegen ihrer verholzten Früchte nannte man die Koniferen früher auch Zapfenbäume. Diese Zapfen sind mannigfaltig in Form und Aussehen, und von Gattung zu Gattung, von Art zu Art verschieden. Sie eignen sich aus diesem Grund sehr gut als Bestimmungsmaterial. Wichtige Merkmalsunterschiede zeigen die obigen Abbildungen: Zapfen der Weißtanne (**a**) sitzen aufrecht auf dem Trieb. Die Form zylindrisch-länglich, die Deckschuppen herausragend und zurückgeschlagen. Sie sind selten auf dem Waldboden zu finden, da die Deckschuppen sich einzeln lösen und abfallen; nur ein langer, kerzenähnlicher Stiel bleibt auf dem Zweig stehen. Die hängenden Zapfen der Douglasie (**b**) unterscheiden sich deutlich durch lang herausragende, dreizipflige Deckschuppen. Außerdem sind sie kürzer, rundlicher. Föhren zapfen (**c**) sind eiförmig-kugelig, meist asymmetrisch, was bei andern Gattungen eher selten ist; Föhrenschuppen sind dreieckig, oft mit dornigem Anhängsel. Bis die Samen im Föhrenzapfen ausgereift sind, dauert es manchmal über zwei Jahre.

d **e** **f**

Keinen Zapfen, sondern eine Art Beere bildet der Wacholder (**d**) aus. Diese fleischige Frucht braucht sehr lange, um auszureifen, so daß häufig auf ein und demselben Baum unreife grüne und bläulich-schwarze, reife Früchte zu finden sind. Man kann noch die einstigen Schüppchen erkennen, oder wenigstens Ansätze davon. *Thuja plicata,* der Riesen-Lebensbaum (**e**), bildet die Ausnahme. Die dornigen Zapfenschuppen überlappen sich nicht; sie wechseln die Farbe von Grün über Gelb zu Braun. Der Immergrüne Mammutbaum (**f**) trägt kleine, kugelige Zäpfchen mit kantenförmigen höckerigen Schuppen, die in der Mitte hohl sind. Zuerst sind sie grün, mit der Zeit verfärben sie sich braun, dann lösen sie sich ab und fallen zu Boden. Auf jeder Schuppe sitzen zwei Sämchen, die, wenn sie reif sind, leicht herausgeschüttelt werden können.

Gingko-Gewächse Gingkoaceae

Gingkobaum

GINGKO BILOBA

Gingko biloba ist die einzig überlebende Art einer zahlreichen Gruppe, die vor rund 200 Mio. Jahren lebte. Besonders primitive Merkmale: die gabelspaltige Aderung und der Befruchtungsmechanismus. In verschiedener Hinsicht ist sie den Cycadaceen ähnlich. Der Gingkobaum ist zweihäusig. Die ♂ Pflanze trägt 6–8 cm lange Kätzchen, die weibliche bildet im Laufe des Jahres pflaumenartige Früchte aus, die reif sehr unangenehm riechen. Auf engbegrenztem Gebiet kommt er wildwachsend nur in China vor. Buddhistische Mönche brachten den Baum nach Japan, von dort kam er nach Europa und Amerika. Da dieses lebende «Fossil» sehr widerstandsfähig gegen Luftverschmutzung ist, wird Gingko oft in Städten angepflanzt. Der Name «Frauenhaarbaum» kommt von der Ähnlichkeit des Blatts mit dem Frauenhaar-Farn.

Eiben-Gewächse Taxaceae

Eiben sind meistens zweihäusig; eine fleischige Hülle (Arillus) umgibt zur Reifezeit den harten giftigen Kern; die Nadeln sind spiralig oder zweizeilig angeordnet.

Gemeine Eibe

TAXUS BACCATA

Die Eibe gehört in unsere Laubmischwälder und war früher weit verbreitet. Sie ist vor allem bekannt durch ihre Langlebigkeit – es gibt Exemplare, die über 1000 Jahre alt sind – und wegen der leuchtendroten «Beeren», die im September reifen und durch Vögel verbreitet werden.

Kalifornische Nußeibe

TORREYA CALIFORNICA

Offene Krone, spitz-kegelförmig, Äste sparrig abstehend; wird bis zu 15 m hoch; Frucht ähnlich wie Muskatnuß. Die japanische Nußeibe *(T.nucifera)* hat viel kleinere und nach unten gekrümmte Nadeln.

Steineibengewächse Podocarpaceae

Diese Arten stammen vor allem aus der südlichen Hemisphäre und haben Zapfen mit fleischigen Schuppen und weniger regelmäßiges Blattwerk als die Eibengewächse. Männliche und weibliche Blüten können am gleichen Baum vorkommen.

Patagonische Steineibe

SAXEGOTHAEA CONSPICUA

Dieser chilenische Baum unterscheidet sich von der Eibe in der Fruchtbildung und durch unregelmäßig angeordnete Nadeln, die unterseits weißliche Bänder haben. *P.andinus* hat dichter angeordnete Nadeln und nicht hängende Zweige.

Chilenische Pflaumen-Steineibe

PODOCARPUS ANDINUS

Diese Art wird oft mit der Patagonischen Steineibe verwechselt; sie gleicht aber viel mehr *P. salignus*, die zweizeilige, 5–10 cm lange Nadeln hat und rotbraune Borke; beide sind einheimisch in Chile. (Bei uns nur in Gärten vorkommend, Anm. d. Übers.)

Araukariengewächse Araucariaceae

Diese Familie wird in 2 Gattungen und 36 Arten geordnet, die alle aus der Südhemisphäre stammen. Alle sind zweihäusig. Die Pflanze trägt kugelige oder ovale Zapfen mit harten Schuppenblättern, unter denen jeweils 1 Same sitzt. Blätter sehr hart, parallelnervig, breit, spiralig angeordnet.

Chilenische Araucarie

ARAUCARIA ARAUCANA

25 m. **Krone** gewölbt oder konisch, dicht beastet, **Stamm** sehr aufrecht. **Rinde** d'grau, runzelig, Astnarben

Zweige wirtelig, oben waagrecht abstehend, sonst hängend, Spitzen aufwärts gekrümmt. **Blätter** bleiben 10–15 Jahre grün, nach Absterben bräunlich (an Zweigen), überdauernd

♂ **Zapfen** hängend, 6–10 cm, erst grün, dann braun, bis zu 1 Jahr verbleibend

Blätter 4 × 1 cm, spiralig, gefeldert rings um Trieb, hart, lederig, scharf zugespitzt, parallelnervig

♀ **Zapfen** groß, 15 cm, im 2. Jahr braun werdend; Same 4 cm groß, eßbar

Die Ureinwohner Chiles, die Araukaner, schätzten die Samen als wichtiges Nahrungsmittel. Die erste Araukarie wurde 1794 nach Europa gebracht*. Die Norfolk Araucarie (*A.heterophylla*) kommt nur in sehr warmen Gebieten vor. Man kennt diese Art bei uns als Zimmerpflanze.

*Bei uns nur in südlichen, sehr geschützten Lagen überwinternd (Anm. d. Übers.).

Zypressengewächse Cupressaceae

Zypressen haben paarig oder dreizählig angeordnete Blätter, dadurch unterscheiden sie sich von anderen Koniferen; Ausnahme: *Metasequoia* (S. 38). Bei jungen Pflanzen sind die Blätter pfriemförmig, was viele Kultivare beibehalten. Alte Blätter bei natürlichen Arten sind klein, schuppenförmig, angedrückt. Meistens tragen Zypressen männliche und weibliche Blüten auf ein und derselben Pflanze, es kommt aber vor, daß sie zweihäusig sind. Verschieden sind die Zapfenformen: *Cupressus* (S. 25–26) und *Chamaecyparis* (S. 28–31) haben eirunde Zapfen mit schildförmigen Schuppen; die Zäpfchen des *Juniperus* (S. 34–35) wachsen zu einer fleischigen «Beere» aus. Alle anderen Gattungen der Zypressengewächse, auch *Thuja* (S. 32/33), *Thujopsis* (S. 33) und *Calocedrus* (S. 34), haben größere Zapfen mit verholzten, sich öffnenden Schuppen.

Monterey-Zypresse

CUPRESSUS MACROCARPA

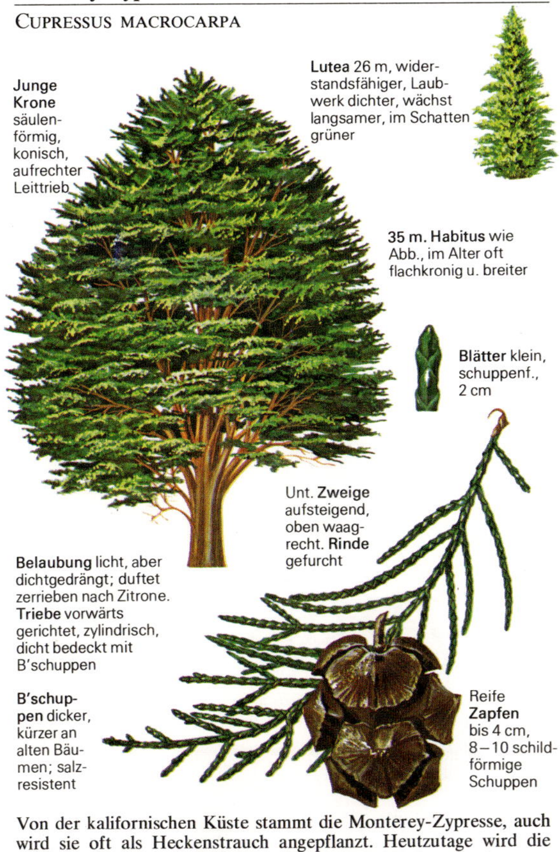

Von der kalifornischen Küste stammt die Monterey-Zypresse, auch wird sie oft als Heckenstrauch angepflanzt. Heutzutage wird die widerstandsfähigere, raschwüchsige Leyland-Zypresse (S. 27) vorgezogen, da die Monterey-Zypresse, wie die Italienische Zypresse, von einem Pilz, *Seiridium* (= *Coryneum) cardinale,* befallen wird.

(Kommt in Deutschland, Österreich und in der Schweiz nur in sehr geschützten Lagen vor. Anm. d. Übers.)

Italienische Zypresse

CUPRESSUS SEMPERVIRENS

Diese Zypressenart, die bekannteste ihrer Gattung, stammt aus Griechenland und dem Balkan. Angepflanzt wurde sie häufig im ganzen Mittelmeergebiet. *C.lusitanica,* in Mexiko beheimatet, hat eine breitere Krone, kleinere blaugrüne Zäpfchen und spitze Blätter.

Kahle Zypresse

CUPRESSUS GLABRA

Wegen ihrer charakteristischen dekorativen Rinde wird diese Zypressenart oft angepflanzt; sie wird jetzt als eigene Art anerkannt und gilt nicht mehr als Kultivar von *C.arizonica,* die widerstandsfähiger, aber weniger attraktiv ist.

Leyland-Zypresse

× Cupressocyparis leylandii

Zapfen (wenn vorhanden) 3 cm, rundlich, braun

Belaubung d'grün od. grau unregelmäßig fächerig (weder flach wie *Chamaecyparis* noch schuppig wirtelig wie *Cupressus*); Wipfelregion weniger dicht; viele grüne **Seitentriebe. B'schuppen** leicht eingekrümmt, drüsig; rasches Wachstum, bis zu 1 m jährlich

40 m. Krone dicht, säulenförmig. **Triebe** steil aufsteigend. **Leittrieb** einseitig überlehnend, nicht hängend wie bei Lawsons Scheinzypresse (S. 30/31). **Rinde** zuerst glatt, dann gefurcht, streifig

‚Castlewellan', äußerst widerstandsfähig, federige Benadelung, wird im Winter bronzegrün

Die Leyland-Zypresse ist eine natürliche Hybride der Monterey-Zypresse (S. 25) und Nutka-Scheinzypresse (S. 29). Diese Kreuzung zeichnet sich durch folgende ererbte Eigenschaften aus: kräftiges, rasches Wachstum (Monterey) und anpassungsfähige Widerstandskraft (Nutka), was sie zur unschlagbaren Heckenkonifere machte. Mehrere Kultivare sind im Handel. Die populärsten, ‚Haggerston Grey', 1888 erstmals gezüchtet; zwei neuere, gelbgrüne ‚Castlewellan' und ‚Robinson's Gold'. Leyland bildet selten Samen aus, wird aber erfolgreich durch Stecklinge vermehrt.

Hinoki-Scheinzypresse

CHAMAECYPARIS OBTUSA

Zweiglein flach belaubt

Belaubung fächerig-federig, Nadeln sehr klein, 2 mm, stumpf, paarig angeordnet, Us weiß gezeichnet, bes. B'rand

25 m. **Krone** säulen-/kegelförmig, **Zweige** erst waagrecht, dann ansteigend, **Stamm** aufrecht, **Rinde** rissig

Zapfen 1 cm

Beheimatet in Japan. Unterscheidet sich von anderen «falschen» Zypressen durch stumpfe, eingekrümmte B'schuppen, runde Zapfen; ,*Crippsii'*, beliebt und oft angepflanzt, hat glänzend-goldgelbe Belaubung, im Innern grüner werdend.

Sawara-Scheinzypresse

CHAMAECYPARIS PISIFERA

Zapfen klein, 5 mm, viele dicht gebüschelt, ungleichmäßig d'braun. **Schuppen** (10–12) bespitzt

Blätter klein, 3 mm, angedrückt paarig angeordnet, spitz, eingekrümmt

Belaubung dicht, flach, aufsteigende Zweige, im Alter dunkler werdend, glänzend weiße B'unterseite

Blätter der verschiedenen Sawara-Kultivare meist pfriemförmig; jene von *,Squarrosa'* *(rechts)* 6 mm lang; von *,Plumosa'* nur 3 mm

Stammt aus Japan; bildet sehr kleine Zapfen aus. Die natürliche Art ist viel seltener als ihre Kultivare, die in zwei Gruppen eingeteilt werden; jene mit hängenden Zweigen, z.B. *,Filifera'*, und jene mit mehr schuppenförmigen Blättern und abstehenden Zweigen, wie *,Plumosa'* und *,Squarrosa'*.

Nutka-Scheinzypresse

CHAMAECYPARIS NOOTKATENSIS

Die Nutka-Scheinzypresse ist in Alaska heimisch. Sie ist leicht erkennbar an den hängenden Zweiglein und den stark bedornten Zapfen. Sie bildet einen Elternteil der Leyland-Zypresse (S. 27). ‚Pendula' hat, wie der Name sagt, hängende Belaubung, die Zweige sind kürzer, etwas aufwärts gekrümmt, Zapfen 2 cm.

Weiße Scheinzypresse

CHAMAECYPARIS THYOIDES

Die langsam wachsende weiße Scheinzypresse ist an der nordamerikanischen Ostküste in Sumpfgebieten beheimatet; Holz sehr widerstandsfähig. Der botanische Name weist darauf hin, daß sie dem Lebensbaum (Thuja, S. 32–33) ähnlich ist, der Volksname hingegen auf die weißliche Belaubung.

Lawsons Scheinzypresse

CHAMAECYPARIS LAWSONIANA

20–30 m, wild bis zu 50 m. **Krone,** solange jung, regelmäßig, alt oft mehrstämmig. **Belaubung** dicht, hängend, alt lockerer. **Leittrieb** u. **Seitentriebe** immer überhängend. **Endtriebe** oft fadenförmig, unverzweigt

Zapfen 8 mm, rundlich von Grün zu Blaugrün in Braun. **Schuppen** (8) in der Mitte m. Dorn

Rinde, solange jung, glatt; alt rissig m. Längsplatten, ablösend

♂ Blüten endständig an sehr dünnen Spitzen

Belaubung flach, farnartig, B'schuppen paarig; ein Paar flach, spitz, ein Paar größer, weniger angedrückt, durchscheinende Drüse i.d. Mitte; Spaltöffnungen als weißes Band sichtbar: bes. Merkmal helle B'unterseite

Die Lawsons Scheinzypresse stammt aus den Wäldern an der Küste von Oregon und Kalifornien, wo sie durch ihr dichtes, hängendes Laubwerk besonders auffällt. Peter Lawson, ein schottischer Gärtner und Züchter, finanzierte 1854 eine Expedition; Teilnehmer entdeckten diese Zypresse, die nun sehr häufig in unseren Gärten und Parks anzutreffen ist. Es wurden zahlreiche Kultivare, an die 250, gezüchtet, die in drei Gruppen eingeteilt werden: 1) mit immergrüner Belaubung; 2) mit ausgeprägtem Habitus und 3) mit pfriemförmigen Nadeln.

Einige Kultivare von Lawsons Scheinzypresse

1 ‚Allumii': 20 m; schmal säulenförmig, Nadeln gelbgrün. **2 ‚Columnaris':** 10 m; dicht, spitzwipflig. **3 ‚Erecta':** 25 m; erster Kultivar aus Lawsons Scheinzypresse, der 1855 von Samen aus dem Kalifornischen Typus gezogen worden ist. **4 ‚Fletcherii':** 16 m; jung oft mehrstämmig, mehrere Leittriebe.

5 ‚Intertexta': 25 m; spärlich belaubt, dunkel, hängend. **6 ‚Lutea':** 16 m; kurz, Zweige hängend; alt innen d'grün. **7 ‚Stewartii':** 16 m; Zweige aufsteigend, Seitentriebe etwas gekrümmt. **8 ‚Wissellii':** 25 m; lockere Belaubung, mit dicht spiraligen Seitentrieben.

Riesen-Thuja, Riesen-Lebensbaum

THUJA PLICATA

Dieser stattliche Baum ist an der pazifischen Küste Nordamerikas heimisch und wird häufig wegen seines widerstandsfähigen, früher oft für Dachschindeln verwendeten Holzes forstlich angepflanzt. Der Japanische Lebensbaum *(T.standishii)* hat hellere, stumpfere Blattschuppen, die stark nach Zitrone duften.

Chinesische Thuja

THUJA ORIENTALIS

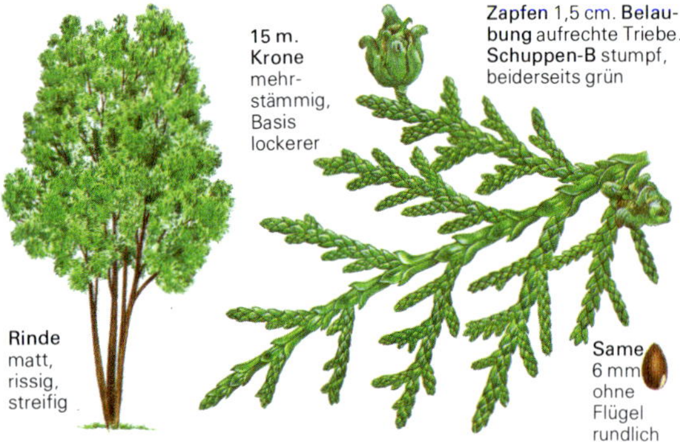

Diese Art wird oft zur Gattung *Biota* gezählt, denn sie unterscheidet sich von anderen Thuja-Arten durch breitere, blaugrüne Zapfen mit weniger, aber dornigen Schuppen. Die runden Samen sind ungeflügelt und größer.

«Gewöhnliche» Thuja

THUJA OCCIDENTALIS

Diese bekannteste Thuja-Art wurde schon gegen 1536 aus dem Osten Nordamerikas nach Europa gebracht. Sie ist langsam- und kleinwüchsig, die glatten Zapfen und die helle Blattunterseite sind charakteristisch. ‚Lutea'-Kultivar hat dichtere Krone, kräftigere Zweige, deren Spitze goldgrün ist.

Hiba, Schuppenzeder

THUJOPSIS DOLABRATA

Dieser aus Japan eingeführte Baum ist meistens mehrstämmig. Die Koreanische Thuja *(T.koraiensis)* hat auch eine bläulichsilbrige Blattunterseite, aber ihr Blattwerk ist weicher, und sie hat die typischen Thuja-Zapfen.

Kalifornische Flußzeder, «White Cedar»

CALOCEDRUS DECURRENS

In Nordamerika (Oregon u. Kalifornien) beheimatet, wir die Kalifornische Flußzeder häufig mit dem Lawson-Kultivar ‚Erecta' verwechselt (S. 31). Wichtige Merkmalsunterschiede: die unregelmäßige Belaubung, die gelbliche B'unterseite und der starke Duft des Holzes, der als weihrauch-terpentin- oder schuhwichsartig beschrieben wird.

Gemeiner Wacholder

JUNIPERUS COMMUNIS

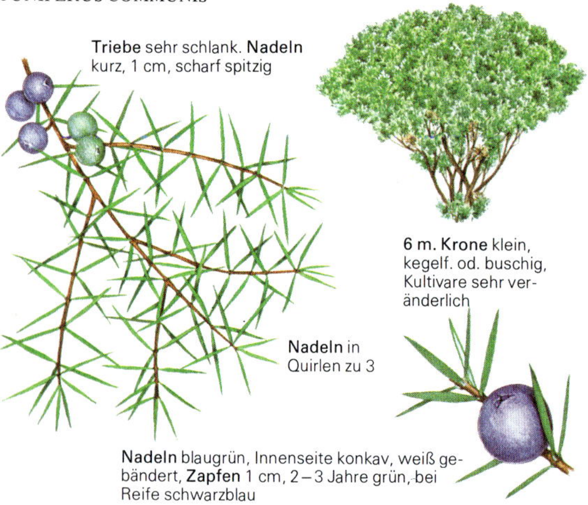

Wacholder kommt in der ganzen nördlichen Hemisphäre vor. Er bevorzugt keine besondere Bodenunterlage. Die Nadeln des Tempel-Wacholder *(J.rigida)* sind glänzendgrün, weicher und länger. Die Alerce oder Patagonische Zypresse *(Fitzroya cuppressoides)* hat abstehende, blaugrüne Blätter, an der Us silbrigweiß gebändert.

Virginischer Wacholder

JUNIPERUS VIRGINIANA

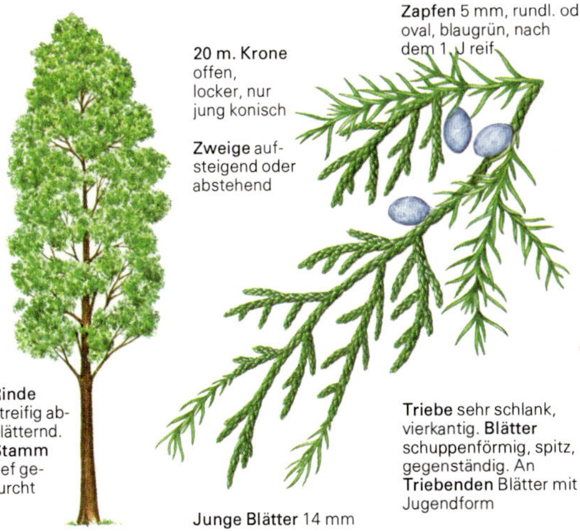

Der Virginische Wacholder, der «Bleistift»baum, ist der größte seiner Gattung und kommt im Osten von Nordamerika vor. Sein Holz wird besonders für die Bleistiftfabrikation verwendet. Feinere Belaubung, paarige Jungblätter, spitze Schuppen und viel kleinere Zapfen unterscheiden diese Art vom Chinesischen Wacholder, mit dem er oft verwechselt wird.

Chinesischer Wacholder

JUNIPERUS CHINENSIS

Der Chinesische Wacholder wird häufig angepflanzt. Man kennt mehrere Kultivare, so ‚Aurea', der häufigste, der massenweise Blüten entwickelt. Die kurzen nickenden Triebe des Hänge-Wacholders *(J.recurva)* werden rotbraun und rauschen sirrend im Wind. Die Blätter (in 3er-Wirteln) sind angedrückt und pfriemförmig.

Taxodium-Gewächse Taxodiaceae

Zu dieser primitiven Familie gehören 10 Gattungen, die in Nordamerika, Ostasien und Tasmanien vorkommen. Die meist großen, immergrünen Bäume haben linealische oder pfriemförmige Blätter, die spiralig angeordnet sind. Die Zapfen sind rundlich und verholzt, mit spiraligschildförmigen Schuppen. Alle Taxodien-Gewächse sind einhäusig, die Rinde ist dick, faserig, meist rotbraun. Einige Arten gehören zu den laubwerfenden Bäumen.

Mammutbaum, Wellingtonia, Riesen-Sequoia

SEQUOIADENDRON GIGANTEUM

Der Mammutbaum, einer der größten, aber nicht der höchste Baum der Welt, kommt natürlich in den Talsenken der kalifornischen Sierra Nevada vor, wo er 1841 entdeckt wurde. In diesem Gebiet wächst ein Exemplar dieser Gattung, das 83 m hoch ist, einen Durchmesser von 10 m aufweist und ein Gewicht von vermutlich 1000 t hat; er wurde auf den Namen «General Sherman» getauft. Auch er ist aus einem Samen entstanden, der nur 5 Milligramm wog. Die Mammutbäume können über 4000 Jahre alt werden. Das durchschnittliche Alter beträgt rund 1000 Jahre. In Europa gibt es Exemplare, die in einem Jahrhundert über 50 m wuchsen. Als Tiefwurzler übersteht dieser Riese sehr gut trockene Sommer und ist selbst gegen Waldbrände resistent.

Küsten-Sequoia, Redwood

SEQUOIA SEMPERVIRENS

Triebe grün. **Schuppenblätter** 6–8 mm, angedrückt, mit eingekrümmter Spitze

Seitentriebe Blätter 1–2 cm, zweizeilig, hart, scharf zugespitzt, weiß gebändert

Zapfen 3 cm
Schuppen (15–20) reif braun

50 m. Krone locker, säulenf., flache Spitze. **Stamm** aufrecht, sich verjüngend

Rinde dick, sehr weich, faserig; jung fuchsrot, alt dunkler, rissig

Die Küsten-Sequoia ist einer der höchsten Bäume der Welt; in Kalifornien gibt es eine, die 112 m erreicht hat. Sie stammt aus dem schmalen Küstengürtel von Oregon bis Kalifornien. Die Chinesische Spießtanne *(Cunninghamia lanceolata)* hat eine ähnliche Rinde, aber viel längere Blätter, die unten breiter sind.

Sumpfzypresse

TAXODIUM DISTICHUM

Blätter 1–1,5 cm, flach, zweizeilig angeordnet

Seitentriebe im November nadelwerfend

Winteräste m. Narben v. abgefallenen T

30 m. Krone kegelf., oben rund. **Stamm** spitz zulaufend. **Rinde** furchig-faserig. **Atemwurzeln** (Pneumatophoren) zur Sauerstoffversorgung

Zapfen 3 cm, rundlich, grün, dann braun

Die Sumpfzypresse wird oft mit *Metasequoia* (S. 38) verwechselt. Ein gutes Unterscheidungsmerkmal sind die wechselständigen Nadeln. Wie der Name sagt, bevorzugt dieser Baum feuchte Standorte. Die nächstverwandte *T.ascendens,* die weniger angepflanzt wird, hat lange, schlanke, aufrechtstehende Zweiglein mit kurzen, pfriemförmigen, quirlig gestellten Blättern.

Urwelt-Mammutbaum, «Wassertanne»

METASEQUOIA GLYPTOSTROBOIDES

Belaubung farnähnlich, zuerst glänzend gelbgrün, später dunkler

Triebe gegenständig, fallen ohne Knospen ab

Nadeln 2–4 cm × 2 mm, zweizeilig, flach, weich, Spitze gebogen

Stamm im Querschnitt; faserig, tief gefurcht

Rinde blaß orangebraun od. rotbraun, streifig

30 m. Krone schmal, kegelförmig, locker, oben schlanker. **Zweige** aufsteigend; Herbstfärbung zart rosagelb

Der natürliche Standort von *Metasequoia glyptostroboides* wurde erst 1941 im südöstlichen Teil Chinas entdeckt. Lange Zeit hatte man vermutet, daß dieser schöne Baum ausgestorben sei. Dieser beliebte Parkbaum läßt sich leicht vermehren und wächst bis über 1 m jährlich. Der botanische Name weist darauf hin, daß der Urwelt-Mammutbaum mit *Sequoia* (S. 37) verwandt ist. Oft wird er mit der Sumpfzypresse verwechselt (S. 37), die ebenfalls die Nadeln im Herbst verliert. Aber der Urwelt-Mammutbaum hat längere, *gegenständige* Nadeln und die seitlichen Knospen sind an der *Unterseite* der Triebe zu finden, sind also nicht achselständig.

Sicheltanne, Japanische Zeder

CRYPTOMERIA JAPONICA

,Elegans' Nadeln lang, 2 cm, weich, spiralig, im Winter d'rot, bronze, purpur

Nadeln lang, 1,5 cm, spiralig, im Winter leicht bronze verfärbend

Zapfen 2 cm, rundlich, im 1. J reif. **Schuppen** (20–40) mit 4–6 gebogenen Dornen

35 m. Krone schmal kegelf., ziemlich locker. **Zweige** waagrecht od. hängend. **Rinde** weich, faserig, im Alter streifig abschälend

Dieser gut eingeführte Zierbaum erreicht nie die gleiche Größe wie in seiner Heimat China und Japan. Die aus Tasmanien stammende Gattung *Athrotaxis* hat ähnliche Zapfen, aber kürzere Blätter; *A.selaginoides* hat 1 cm lange Nadeln, die sehr hart sind, *A.laxifolia*-Nadeln sind pfriemförmig und nur 2 mm lang, und die Tasmanische Schuppenfichte *(A.cupressoides)* hat angedrückte Nadelschuppen.

Japanische Schirmtanne

SCIADOPITYS VERTICILLATA

Nadeln sehr lang, 10–15 cm, paarig in Quirlen stehend, tief gefurcht, Os glänzend d'grün, Us hell gelbgrün

20 m. Krone schmal od. breit kegelf. **Zweige** kurz, aufwärts abstehend. **Rinde** d'rotbraun, löst sich grobstreifig

Doppelnadeln schirmförmig rund um Trieb

Heimat: Japan. Wichtiger Holzlieferant. Diese Schirmtanne wächst in Europa sehr langsam und wird in Parks und großen Gärten angepflanzt. Wegen der quirlförmig stehenden Doppelnadeln kann diese Konifere mit keiner andern verwechselt werden.

Tannenfamilie (Kieferngewächse) Pinaceae

Die Tannenfamilie unterscheidet sich von andern zapfentragenden Bäumen durch ihre Mannigfaltigkeit. Sie wird in 10 Gattungen aufgeteilt, so u.a. *Abies* (Tanne), *Pinus* (Kiefer, Föhre), *Picea* (Fichte), *Tsuga* (Schierlingstanne), *Pseudotsuga* (Douglasie) und *Larix* (Lärche); drei Gattungen werden nicht aufgeführt, da sie sehr selten angepflanzt werden; es sind dies *Pseudolarix, Cathaya* und *Keteleeria,* die alle drei in China vorkommen.

In der Nordhemisphäre, der natürlichen Heimat der Tannenfamilie, kommen über 250 Arten vor. Die hervorstechenden Merkmale: verholzte Zapfen mit spiralig angelegten Schuppen, linealische, meist flache Blätter, die sogenannten Nadeln, die auf sehr verschiedenartige Weise an den Trieben angeordnet sind.

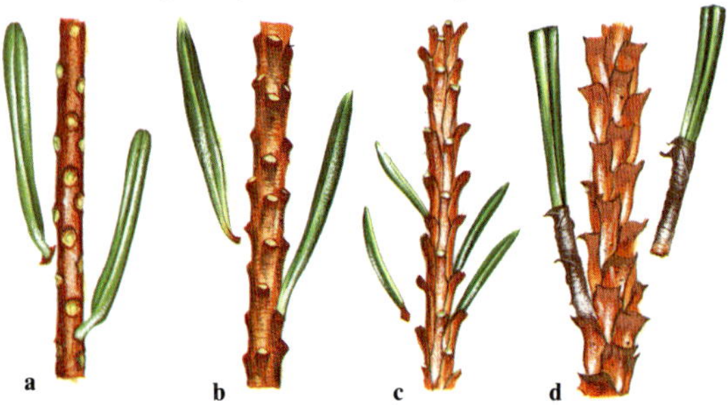

Die obigen Abbildungen zeigen auffällige Unterschiede. Die Nadeln der Weiß-Tanne *(Abies)* hinterlassen eine leicht eingedrückte, konkave Narbe (**a**); wenn die Narbe hingegen leicht erhöht und die Nadel ein wenig gestielt ist (**b**), dann kann man annehmen, daß es sich in diesem Fall um eine Douglasie *(Pseudotsuga)* handelt. Dagegen sind Fichten *(Picea)* sofort erkennbar an den rauh hervorragenden *Blattpolstern* (**c**), die beim Abreißen oder natürlichen Abfallen der Nadeln sichtbar werden. Die Nadeln der Kiefer, in 2er-, 3er- und 5er-Bündeln angeordnet, wachsen aus Blattscheiden hervor, die die Nadelbündel umschließen (**d**). Diese langen Nadeln werden aus unentwickelten Trieben (Kurztrieben) gebildet. Altersblätter vergrößern die Oberfläche, erhöhen dadurch die Photosynthese und verbessern den Verdunstungsmechanismus.

Die Länge eines Triebs kann beim Bestimmen wichtige Hinweise liefern. Alle Gattungen der Tannenfamilie haben Langtriebe. Ausnahmen sind Lärchen *(Larix),* Zedern *(Cedrus)* und Kiefern *(Pinus),* die außer Langtrieben auch Kurztriebe produzieren, die aus einer Knospe in der Blattachsel hervorgehen. Diese Knospen können entweder jahrelang schlafen oder zu neuem Wachstum angeregt werden. Lärchen-Kurztriebe wachsen während einiger Jahre. Die Nadeln der Gattung *Larix* werden im Herbst gelb und fallen ab, ein besonderes Merkmal, das nur in dieser Gattung der Tannenfamilie vorkommt.

Ein großer Teil der Pinaceae haben *hängende* Zapfen. Hier bilden die Gattungen *Abies, Cedrus, Larix* ebenfalls die Ausnahmen – ihre Zapfen bleiben auch nach der Befruchtung *aufrecht.* Lärchenzapfen reifen noch im gleichen Jahr. Weiß-Tanne und Zeder brauchen meistens länger, um ihre Zapfen auszureifen, die sich noch durch eine auffällige Besonderheit auszeichnen: Die Zapfenschuppen lösen sich nach und nach von der Spindel, die als lange schmale «Kerze» auf den Zweigen verbleibt.

Alle andern Gattungen haben ausdauernde Schuppen; die Samen werden freigegeben, und die intakten Zapfen fallen gelegentlich ab.

Tannen Abies

Die weißliche Unterseite der Tannen-Nadeln ist charakteristisch für diese Gattung, zu der unsere Weiß-Tanne *(Abies alba)* gehört. Blätter unterschiedlich lang, unten kammförmig gescheitelt, Zweige zuerst waagrecht, dann scharf aufwärts gerichtet, oft senkrecht, Krone mehrwipflig, wo sich die aufrechten Zapfen entwickeln, die bei Samenreife zerfallen.

Weiß-Tanne

ABIES ALBA

Die Weiß-Tanne ist ein wichtiger Forstbaum; sie kommt wild in den Bergen Mitteleuropas und Zentraleuropas vor. Nadeln kurz und locker gestellt. Die König-Boris-Tanne *(A.borisii-regis)* ist dichter benadelt, Triebe blaß kaffeebraun, fein behaart.

Nordmanns-Tanne

ABIES NORDMANNIANA

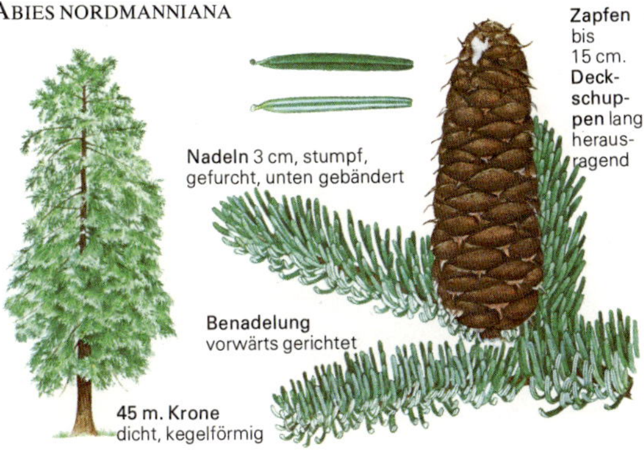

Die Nordmanns-Tanne hat eine dichtere Krone als *A.alba.* Bornmüllers-Tanne *(A.bornmuelleriana)* hat dichtstehende Blätter mit weißen Stomata an der Spitze, glänzend rotbraune Triebe und klebrig-harzige Knospen.

Spanische Tanne

ABIES PINSAPO

Wildwachsend kommt die Spanische Tanne nur in Südspanien vor, wird aber ziemlich viel in Mitteleuropa angepflanzt. Bei der Algier-Tanne *(A.numidica)* sind die Nadeln auf der Oberseite bürstenförmig, hingegen auf der Unterseite meist gescheitelt; Spitze stumpf abgerundet, mit dreieckigem weißem Fleck.

Griechische Tanne

ABIES CEPHALONICA

Die Griechische Tanne, ein ziemlich grober Baum, wächst häufig krumm, dickstämmig, in der Höhe oft gegabelt. Die Varietät *A.cephalonica* var. *apollonis* ist dichter benadelt, meist nur auf der Oberseite des Triebs.

Colorado-Tanne, Silbertanne, Lows Colorado-Tanne

ABIES CONCOLOR ABIES CONCOLOR VAR. LOWIANA

Colorado- oder Silbertannen kommen wild im Westen Nordamerikas und in gewissen Teilen Mexikos vor. Charakteristisch sind die langen, blaugrünen, aufrechten Nadeln, die zerrieben nach Zitrone duften. Lows Silbertanne, aus den Staaten Oregon und Kalifornien stammend, hat noch längere Nadeln, die sich flach längs der Triebe scheiteln oder sich U-förmig aufwärts krümmen. Sie hat einige Merkmale von der Colorado-Tanne, andere von der Riesen-Tanne *(A.grandis)*, die mehr im Norden vorkommt. Besonders bezeichnende Merkmale der Lows Silbertanne: schlaffe, blaugrüne Benadelung und rissige Rinde, die jener der Douglasie (S. 49) ähnlich ist.

Riesen-Tanne, Große Küstentanne

ABIES GRANDIS

Die schnellwachsende Riesen-Tanne ist ein wichtiger Forstbaum und wird viel im Westen Nordamerikas angebaut. Merkmale: Benadelung flach, im Gipfel Äste aufwärts gekrümmt. Die Pindrow-Tanne *(A.pindrow)* hat große, kugelige Knospen und längere Blätter (bis zu 9 cm), Zweige sich neigend, Triebe kahl, aschgrau.

Purpur-Tanne

ABIES AMABILIS

Der lateinische Name charakterisiert die «liebliche» Gestalt dieses schönen Baums, der wildwachsend von British Columbia (Kanada) bis Kalifornien vorkommt. Die Maries-Tanne *(A.mariesii)* ist die nächstverwandte Art. Sie hat kürzere, glänzendere Nadeln, die Triebe sind orangerot, dicht behaart und nicht hellbraun.

Pazifische Edel-Tanne

ABIES PROCERA

Diese elegante Konifere ist besonders bemerkenswert wegen der großen Zapfen, die bis zu 1000 Samen ausbilden. Auch die silbrige Borke fällt sofort ins Auge. Die unteren Äste tragen im Frühjahr viele rote männliche Blüten.

Große Edeltanne

ABIES MAGNIFICA

Aus Oregon und Kalifornien stammend, nahe verwandt mit der Pazifischen Edel-Tanne, aber die Nadeln sind nicht gefurcht und weniger dicht. Die Zapfen der Shasta-Tanne haben herausragende Deckschuppen *(A.magnifica* var. *shastensis)*.

Veitchs Tanne

ABIES VEITCHII

Veitchs Tanne wird bis zu 20 m hoch, Krone meist abgeflacht. Zweige aus der unteren Krone biegen sich so stark aufwärts, daß die silberne Unterseite sichtbar wird. Sie ist in Japan beheimatet, ebenso die Sachalin-Tanne *(A.sachalinensis)*, mit längeren, schmaleren, hellgrünen Nadeln.

Korea-Tanne

ABIES KOREANA

Die silbrigglänzende Korea-Tanne wurde 1907 auf einer Insel vor Korea entdeckt. Sie wächst sehr langsam, höchstens 10 m in 40 Jahren, bildet aber schon nach einem Jahr schöne violette Zapfen aus. Die stark vorragenden, zurückgeschlagenen Deckschuppen unterstreichen die radiale Anordnung.

Delavays Tanne

ABIES DELAVAYI VAR. FORRESTII. A.DELAVAYI VAR. GEORGII

Zapfen var. *forrestii (rechts)* 7–12 cm, zylindrisch od. faßförmig, blauviolett, später braun. **Deckschuppen,** vorragend, oft gekrümmt, bis 5 mm lange, pfriemförmige Spitzen

Zapfen var. *georgii (rechts)* größer (9–15 cm). **Deckschuppen** vorragend, aufwärts gekrümmt, außer an Basis. **Gewellte Ränder,** gut sichtbar, hell blaupurpur, hellbrauner Rand

Trieb var. *forrestii (unten):* dick, rotbraun, meist kahl, gerippt; im 2. J dunkler, mit hellen Rissen. Belaubung meist ringsum

Trieb var. *georgii (oben):* braunorange, dichte kurze Behaarung. **Blätter** dicht, oben eng zurückgekrümmt, kurz, bis 1,5 cm

Blätter var. *georgii (links):* unten glänzend weiß gebändert, oben grau bereift

Blätter var. *forrestii (links):* bis zu 4 cm, rings um Trieb, unten oft schlaff, dicht, oft gescheitelt, oben d'blaugrün, unten weiß

Diese beiden Tannen wurden von George Forrest in China entdeckt, nach ihm benannt und von ihm in Europa eingeführt. Die Varietät *georgii* unterscheidet sich durch stark behaarte Triebe und längere Deckschuppen, dichtere Beastung und säulenförmigen Wuchs. Beide Varietäten werden ungefähr 25 m hoch. Die Himalaja-Tanne *(A.spectabilis)* ist mit ihnen verwandt; sie hat aschgraue oder hellbraune behaarte Triebe mit tiefen Furchen. Die Delavays Tanne *(A.delavayi)* hat hellviolette schmale Zapfen, rotbraune Triebe, orangefarbene Knospen und eingerollte Blattränder. Hingegen hat Farges Tanne *(A.fargesii)* dicke Triebe und Blätter, die lederartig auf den intensiv purpurnen Zweigen glänzen. Die Knospen sind ebenfalls dunkelrot.

Nikko-Tanne

ABIES HOMOLEPIS

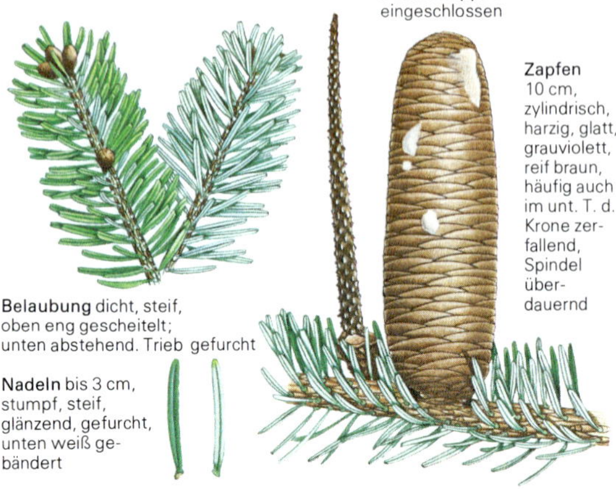

Die Nikko-Tanne wird oft angepflanzt, da sie gegen Luftverschmutzung resistent ist. Die kahlen Zweige sind tief gefurcht. Die Min-Tanne *(A.recurvata)* hingegen hat glatte, eher ovale Triebe, etwas kleinere Zapfen und beidseitig blaßgrüne Nadeln, die sich rückwärts krümmen.

Santa-Lucia-Tanne

ABIES BRACTEATA

Auffällige Zapfen, buchenähnliche Knospen und lange silbrige Nadeln charakterisieren die Santa-Lucia-Tanne, die in Kalifornien vorkommt. Die Mandschurische Tanne *(A.holophylla)* hat ähnliche Nadeln, aber eiförmige, harzige Knospen.

Küsten-Douglasie, Blau-Douglasie

PSEUDOTSUGA MENZIESII VAR. GLAUCA

Küsten-Douglasie
Belaubung dicht, oben geteilt *(links)*, unten ausgebreitet, starker, fruchtig-harziger Duft, viele Grünschattierungen

Blätter bis 2,5 cm, unten meist gebändert

Knospen 7 mm, konisch, nicht harzig, **Blätter** mit stumpfer Spitze

60 m. **Krone** säulenförmig

Habitus schlank, später oft gegabelt. **Belaubung** oft schlaff hängend

Zweige quirlig, jung aufwärts gekrümmt, später waagrecht abstehend

Blau-Douglasie. Belaubung *(unten)*: **Blätter** strahlig blaugrau, dick, jung aufrecht a. Trieb, schwach duftend. **B'spitze** abgerundeter

Deckschuppen zungenförmig gespalten

Blau-Douglasie, Zapfen *(rechts)* kleiner, 5 cm. **Deckschuppen** oft rückwärts gekrümmt, zipflig vorragend

Zapfen *(oben)* 8 cm, jung grün, reif mattbraun

Rinde glatt, jung grau, später dick, korkig gefurcht, rissig

Die Gattung *Pseudotsuga* erhielt diesen Namen wegen der auffallenden Ähnlichkeit mit *Tsuga* (S. 58/59); doch kann man auch verwandte Züge bei *Abies* (S. 41–48) feststellen. Die wichtigsten Arten der Douglasie kommen auf der Westseite der Rocky Mountains vor; sie werden häufig angepflanzt wegen ihres kräftigen Wuchses und ausgezeichneten Holzes. Die Blau-Douglasie ist kleiner und nicht so raschwüchsig; auch Zapfen und Benadelung sind verschieden. Wildwachsend kommt diese Art an trockenen Standorten in den östlichen Rocky Mountains zwischen Montana und Mexiko vor.

Zeder Cedrus

Echte Zedern entwickeln zwei verschiedene Blattformen und haben Zapfen, die meist nach zwei Jahren reif sind, dreiflügelige Samen freigeben und am Ast zerfallen. Eine Gedächtnisstütze für die drei häufigsten Arten: Atlas-Zeder aufsteigende, Himalaja-Zeder hängende, Libanon-Zeder waagrecht abstehende Äste.

Libanon-Zeder

CEDRUS LIBANI

40 m. Krone breit ausladend, tafelförmig. **Äste** waagrecht abstehend

Rinde graubraun, rissig; glatt, d'grau an jungen Bäumen

Äste stark, erst gewölbt, dann waagrecht. **Stamm** massig

Belaubung dicht, sehr dunkles Grün, manchmal grau bis blaugrün. **Knospen** 2–3 mm, braun, eirund. **Triebe** braun, behaart

Zapfen 8–14 cm, oben oft stumpf, harzig

Blätter schmal. B'spitze scharf, durchsichtig; auf Jungtrieben: locker ringsum stehend, einzeln; auf Kurztrieben büschelig, mit dichten Nadelquirlen

Wildwachsend kommt die Libanon-Zeder in Kleinasien vor. Sie wird häufig in Parks und großen Gärten angepflanzt. Die Zypern-Zeder *(C.brevifolia)* ist als Zierbaum weniger beliebt. Diese Art hat kürzere Blätter, schmalere, eirunde Zapfen und trägt eine kegelförmige Krone.

Atlas-Zeder

CEDRUS ATLANTICA

Beheimatet in den nordafrikanischen Gebirgen, sind zwei wildwachsende Formen bekannt, die eine mit grünen, die andere mit blaugrünen Nadeln. Die hier abgebildete stark bläuliche Art findet man am häufigsten als Zierbaum angepflanzt.

Himalaja-Zeder

CEDRUS DEODARA

Im westlichen Himalajagebiet kommt *C.deodara* wild vor und wird bis zu 70 m hoch. Ausladende, mehr oder weniger hängende Zweige und Äste sind ein charakteristisches Merkmal.

Lärchen Larix

Die nadelförmigen Blätter auf Langtrieben stehen gelegentlich einzeln, meist aber sind sie büschelig in Quirlen auf Kurztrieben. Kleine, aufrechte, resistente Zäpfchen, Lang- und Kurztriebe geben wichtige Hinweise zum Bestimmen dieser Gattung.

Europäische Lärche, Hybrid-Lärche

LARIX DECIDUA, LARIX × EUROLEPIS

Die Lärche stammt aus den Bergen Nord- und Zentraleuropas. Sie ist die einzige laubwerfende Konifere Europas. Die Hybrid-Lärche ist eine natürliche Kreuzung zwischen der Japanischen und der Europäischen Art und sehr gut an den Trieben und Zapfen zu unterscheiden. Sie wächst schneller und ist resistenter gegen Krankheiten.

Japanische Lärche

LARIX KAEMPFERI

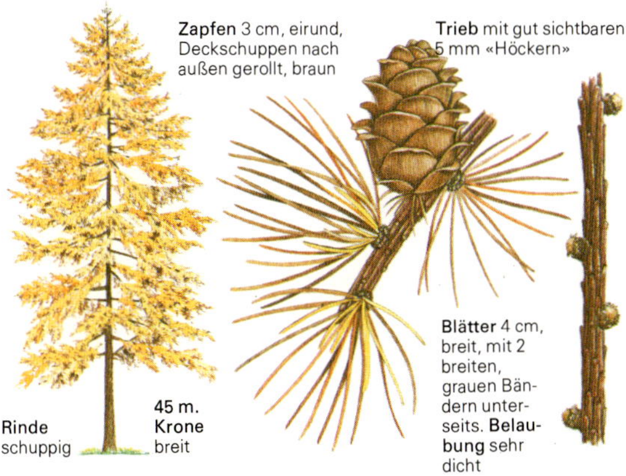

Diese Art kommt wild in den japanischen Bergen vor; sie ist widerstandsfähiger als die Europäische Lärche, kräftiger und gedrungener im Wuchs und stärker beastet. Sie hat purpurrote Triebe, längere Blätter, und die Zapfen sind rosettig mit nach außen gerollten Schuppen.

Amerikanische Lärche

LARIX LARICINA

Die Amerikanische Lärche ist die meistverbreitete Konifere in Nordamerika. Sie wächst wild in Kanada, Alaska, im südlichen Pennsylvanien. Vollkommen anspruchslos, gedeiht sie auch in sumpfigen Gebieten und erträgt subarktisches Klima. Die Dahurische Lärche *(L.gmelinii)* hat eine offenere Krone und kleinere, grasgrüne Blätter.

Fichten Picea

Fichten haben meistens zugespitzte Blätter, die auf einem sogenannten Blattpolster *(pulvinus)* auf den Trieben sitzen. Diese Triebe sind, wenn die Nadeln abfallen, rauh wie eine Raspel, was von den verbleibenden Polstern herrührt.

Gemeine Fichte, Rottanne

PICEA ABIES

Die Gemeine Fichte, unser «Weihnachtsbaum», kommt wildwachsend in Zentral-, Mittel- und Nordeuropa vor. Sie hat längere Nadeln und weniger verholzte Zapfen als die Sibirische Fichte *(P.obovata)*, die in der Sowjetunion beheimatet ist. Die Wilson-Fichte *(P.wilsoniana)* hat ebenfalls aschgraue Triebe.

Kaukasische Fichte, Sapindus-Fichte

PICEA ORIENTALIS

Die Kaukasische Fichte hat die kürzesten Nadeln, spindelförmige, etwas gekrümmte lange Zapfen bis zu 7 cm. Die Likiang-Fichte *(P.likiangensis)* hat rötlich-gelbe Triebe, blaugraue Nadeln und tief purpurfarbene bis zu 15 cm lange Zapfen.

Serbische Fichte

PICEA OMORIKA

Wildwachsend kommt die Serbische Fichte nur am mittleren Lauf der Drina (Jugoslawien) vor. Sie wird überall in Europa häufig angepflanzt. Ihr auffallend schlanker Habitus rührt nicht von den kurzen Ästen her; diese biegen sich zuerst dem Stamm entlang, bevor sie sich nach außen drehen – eine evolutive Anpassung gegen Schneedruckschäden.

Sitka-Fichte

PICEA SITCHENSIS

Sitka-Fichten sind an der Westküste Nordamerikas beheimatet, wo sie bis zu 80 m hoch werden. Als wichtiger Forstbaum wird sie in Deutschland, Österreich und der Schweiz häufig angepflanzt. Die Hondo-Fichte *(P.jezoensis)* aus dem Nordosten Asiens hat dichtere Belaubung, die Nadeln sind stumpf, lederig; der Baum hat einen «unordentlichen» Habitus. *P.brachytyla* aus Westchina hat 1,5 cm lange Nadeln, die unterseits silbrigweiß glänzen. Die Zapfen werden bis zu 13 cm lang und sind konisch.

Schimmel-Fichte

PICEA GLAUCA

Vorkommen: Kanada, Alaska, Norden der USA, wird bis zu 20 m hoch. Die schmal kegelförmige Schimmel-Fichte unterscheidet sich von der Engelmann-Fichte *(P.engelmannii);* diese hat längere, weniger steife Nadeln, behaarte Triebe und dünne Schuppen. Die Schwarz-Fichte *(P.mariana)* hat dünne, 4kantige Nadeln, die dicht rings um den Trieb stehen.

Blau-Fichte ‚Glauca'

PICEA PUNGENS ‚GLAUCA'

Die Blau-Fichte ist ein Kultivar der Colorado-Stech-Fichte. Sehr ähnlich ist die Borstenfichte *(P.asperata)* mit ebenfalls zurückgeschlagenen Knospenschuppen; unterscheidet sich in der Rinde und in der Kronenform. Die Tigerschwanz-Fichte *(P.polita)* hat besonders scharf zugespitzte Nadeln, die rings um den Trieb stehen und dunkelgrün glänzen. Die Zapfenschuppen sind abgerundet.

Siskiyou-Fichte, Brewer-Fichte

PICEA BREWERIANA

Dieser schöne Baum mit seinen «Trauerzweigen» kommt wildwachsend in den Bergen von Oregon bis Kalifornien vor. Die Sikkim-Fichte *(P.spinulosa)* hat weiße, kahle Triebe, lockere Beastung, die Nadeln sind weniger flach und dicht.

Morinda-Fichte

PICEA SMITHIANA

Die Morinda-Fichte kommt wildwachsend von Afghanistan bis Nepal vor und hat die größten Zapfen der *Picea*-Gattung, die nur im obersten Teil der Krone wachsen. Schrenks Fichte *(P.schrenkiana)* ist recht ähnlich, hat aber nicht so hängende Zweige und graugrüne Nadeln, die weniger radial um den Trieb stehen.

Schierlingstannen – Hemlockstannen Tsuga

Die Schierlings- oder Hemlockstannen unterscheiden sich von der Fichtengattung durch flachere, meist stumpfspitzige Nadeln, die kein Blattpolster haben; die Verzweigung ist schlanker, lockerer. Nur *T.mertensiana* hat große Zapfen, sonst sind diese durchweg klein.

Westliche Schierlingstanne

TSUGA HETEROPHYLLA

Wie der Name sagt, ist die Westliche Schierlingstanne an der Westküste Nordamerikas heimisch. Sie ist raschwüchsig, verträgt Schatten und ist wegen ihrer attraktiven Gestalt beliebt. Der lateinische Artname verweist auf die verschieden großen Nadeln, ein Merkmal, das auch eine Japanische Art aufweist *(T.diversifolia)*, die aber orangefarbige Triebe hat und eine regelmäßig gebänderte Blattunterseite.

Kanadische Schierlingstanne

TSUGA CANADENSIS

Im Gegensatz zu *heterophylla* wächst die Kanadische Schierlingstanne mehrstämmig und kommt wild im Osten Kanadas und Nordamerikas vor. Die Carolina-Schierlingstanne *(T.carolinensis),* beheimatet im südöstlichen Teil der USA, hat ganzrandige Nadeln auf glänzend orangegelben Trieben und größere eirunde Zapfen mit abgerundeten Schuppen.

Berg-Schierlingstanne

TSUGA MERTENSIANA

T.mertensiana steht etwa zwischen *Tsuga* und *Picea,* unterscheidet sich aber deutlich durch die scheinbar gestielten Nadeln und die Größe der Zapfen. Sie ist ein wichtiger Holzlieferant. Eine natürliche Hybride ist *T.×jeffreyi,* eine Kreuzung von *T.mertensiana* und *T.heterophylla,* die in Washington gefunden worden ist.

Kiefern, Föhren Pinus

Die Kieferarten werden in drei Gruppen eingeteilt: die gebündelten Blätter können je nach Art zu zweit, zu dritt oder zu fünft auftreten. Die Nadeln der zweinadeligen sind meist ziemlich starr, im Querschnitt halbkreisförmig. Die drei- und fünfnadligen sind im Schnitt dreieckig, vorwiegend dünn und schlaff. Die Zapfen der ersten Gruppe sind meistens klein und kugelig; sie öffnen sich bei der Reife und bleiben jahrelang am Baum. Die beiden letzteren haben gewöhnlich dünne, lederartige Schuppen; die reifen Zapfen fallen ab.

Gemeine Kiefer

PINUS SYLVESTRIS

Diese Kieferart hat ein weites Verbreitungsgebiet und kommt von Spanien bis Mittelsibirien vor. Auffallende Merkmale sind die verschiedenartige Färbung und Struktur der Rinde sowie die graugrünen bis blaugrünen Nadeln. Die Aleppo-Kiefer *(P. halepensis)* hat spärlichere, glänzendgrüne Nadeln, rotbraune Knospen und graue Triebe. Die rötlichen Zapfen bleiben oft lange am Baum.

Österreichische Schwarz-Kiefer, Korsische Kiefer

PINUS NIGRA VAR. NIGRA, P. NIGRA VAR. MARITIMA

Im Mittelmeergebiet kommt *P. nigra* häufig vor. Mehrere Formen sind bekannt, zwei davon sind hier abgebildet: Die Österreichische Schwarz-Kiefer wächst meist mehrstämmig, ist breit und dichtkronig und wird ca. 30 m hoch; die Korsische Schwarz-Kiefer ist noch kräftiger und wird häufig als Forstbaum angepflanzt. Beide Arten haben sehr ähnliche Zapfen. Die Schlangenhaut-Kiefer *(P. leucodermis)* hat eine ebenso dichte Krone, aber dunkelpurpurblaue junge Zapfen und bläulich bereifte Triebe.

Dreh-Kiefer, Lodgepole-Kiefer

PINUS CONTORTA VAR. CONTORTA,
P. CONTORTA VAR. LATIFOLIA

Beide Kiefern werden sehr häufig in ganz Europa angepflanzt. Die verschiedenartige Belaubung ist das beste Unterscheidungsmerkmal. Banks-Kiefer *(P. banksiana)* hat kürzere, nur 4 cm lange Nadeln und gekrümmte, etwas zugespitzte Zapfen.

Pinie

PINUS PINEA

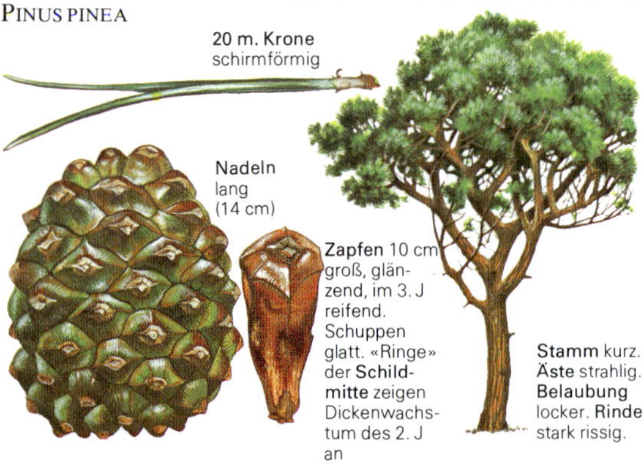

Sofort kenntlich am schirmförmigen Habitus. Diese mediterrane Kiefer hat ungeflügelte große Samen (bis zu 2 cm), die schon von den alten Römern mit großem Genuß gegessen wurden.

Strand-Kiefer

PINUS PINASTER

Dieser Baum kommt auf magerem, sandigem Boden vor und wird im Mittelmeerraum viel zur Harzgewinnung angepflanzt; Harz wird zur Herstellung von Lack, Firnis u. Seife verwendet. *P.pinaster* hat die längsten und kräftigsten Nadeln von allen europäischen Kieferarten.

Monterey-Kiefer

PINUS RADIATA

Die Heimat dieser Kiefer ist Kalifornien, und sie wird sehr häufig forstlich angepflanzt. Die Zapfen mit asymmetrischer Basis verbleiben über 20 Jahre an den Ästen. Es kommt vor, daß die Schuppen erst durch Buschfeuer geöffnet werden.

Gelb-Kiefer, Zucker-Kiefer

PINUS PONDEROSA

Dieser Baum bevorzugt trockene Standorte und kommt auf verschiedenen Meereshöhen des westlichen Nordamerikas vor. Die Blätter, die zu zweien oder dreien gebündelt sein können, wie auch der Habitus sind sehr veränderlich.

Jeffrey's Kiefer

PINUS JEFFREYI

Jeffrey's Kiefer, in Oregon und Kalifornien heimisch, wird selten über 35 m hoch, ist kleiner als die Gelb-Kiefer, kann aber in höheren Lagen wachsen. Ein gutes Merkmal sind die bereiften Triebe und, wenn vorhanden, die an der Basis sehr breiten Zapfen.

Coulter's Kiefer

PINUS COULTERII

Zapfen riesig, 35 cm, Gewicht bis 2,5 kg. **Samen** 12 mm. **Schuppen** dick, mit spitzen **Dornen**

Belaubung kräftig, steif, locker, nicht dicht, im 2. J runzlig

Trieb dick, kahl

Blätter 30 cm. **B'scheide** 2,5 cm

Sehr nah verwandt mit der Gelb- und Jeffrey's Kiefer, ist Coulter's Kiefer gut kenntlich an der Größe der Zapfen, die meistens oben in der Krone wachsen, und an den längeren schlaffen Nadeln. Die Blätter von *P.sabiniana* sind nie länger als 25 cm.

Tempel-Kiefer

PINUS BUNGEANA

Belaubung locker, nicht dicht am Trieb stehend

Rinde glatt, abblätternd von Weiß zu Silbrig, Gelb, Oliv, Purpurn, Graugrün

Nadeln 8 cm, dünn, glatt, fein, gezähnt, in dichten Bündeln. **B'scheide** abfallend

Zapfen 6 cm, gestielt. **Schuppendorn** zurückgebogen

Wegen ihrer einzigartigen Rinde wird die Tempel-Kiefer oft kultiviert. Zuerst ist die Rinde glatt und graugrün, dann lösen sich mehr oder weniger große Stücke, die sich zuerst weiß, dann gelb, grün, rot, purpurn und purpurbraun verfärben. Die Tempel-Kiefer ist in China heimisch. Die Rinde alter Exemplare verfärbt sich noch einmal in Kreideweiß.

Zirbel-Kiefer, Arve

PINUS CEMBRA

Die Arve kommt wildwachsend hoch oben in den Bergen Mittel- und Zentraleuropas vor. Als Holzlieferant wird diese Art oft in Skandinavien angepflanzt. Die Arve ist gut kenntlich an den verschieden gefärbten Blattseiten und der säulenförmigen Krone. Sie wird ca. 25 m hoch. Die großen Samen sind eßbar.

Mazedonische Kiefer

PINUS PEUCE

Die Mazedonische Kiefer wird selten außerhalb ihrer Heimat Albanien, Jugoslawien und Bulgarien angepflanzt. Sie ähnelt der Tränen-Kiefer, hat aber feinere Triebe, gekrümmtere Zapfen und kürzere Nadeln, die vorwärts gerichtet sind.

Tränen-Kiefer

Pinus wallachiana

Die Tränen-Kiefer – oft wird sie auch Bhutan-Kiefer genannt – kommt wildwachsend häufig im Himalajagebiet vor. Sie wird oft als Zierbaum angepflanzt und fällt durch ihre starken, ausladenden Äste auf. Kahle Triebe und schlaffe Benadelung sind gute Merkmale. Die Mexikanische Weymouths-Kiefer *(P.ayacahuite)* dagegen hat steife Nadeln und sich verjüngende Zapfen.

Armands-Kiefer

Pinus armandii

Diese Kiefer, nach ihrem Entdecker Armand David benannt, kommt in China und Burma recht häufig vor. Sie ähnelt der Tränen-Kiefer, hat jedoch feinere Triebe und faßförmige Zapfen.

Mädchen-Kiefer, Kleinblütige Kiefer

PINUS PARVIFLORA

Die Wildform dieser oft angepflanzten Kiefer wird bis zu 25 m hoch. Meistens trifft man die Mädchen-Kiefer als zwergigen Baum an, der höchstens 10 m hoch wird. Mit breiter, ausladender Krone und lichten, abstehenden Zweigen ist sie von weitem erkennbar. Beide Formen weisen die am stärksten gedrehten Nadeln auf.

Monticola-Kiefer, Atlantische Kiefer

PINUS MONTICOLA

Kommt wild an der Pazifischen Küste Nordamerikas vor und reicht bis nach Montana hinein. *P.monticola* hat jung eine sehr dichte Krone, die später etwas lichter wird. Die junge Rinde ist glatt und graugrün. Leider ist diese Art durch Blasenrost gefährdet, der viele alte Bäume vernichtet.

Weymouths-Kiefer

PINUS STROBUS

In den Wäldern des östlichen Nordamerika natürlich vorkommend, wird die Weymouths-Kiefer bis zu 40 m hoch, ist oft mehrstämmig und unterscheidet sich von der Monticola-Kiefer durch ihre kahlen und kürzeren Triebe sowie die zugespitzten Zapfen, die höchstens 15 cm lang werden. Die Nadeln sind steifer und verbleiben nicht länger als zwei Jahre. Wird häufig von Blasenrost befallen.

Grannen-Kiefer, Borsten-Kiefer

PINUS ARISTATA

Im Südwesten der USA kommt die Grannen-Kiefer am häufigsten vor. Sie trägt den populären Namen «Fuchsschwanz»-Kiefer, weil die Zweige so dicht und lang benadelt sind. Diese Nadeln verbleiben über 15 Jahre. *P.balfouriana* lebt in höheren Lagen, ihre längeren Nadeln haben keine Harzflecken, die Zapfen weniger lange Dornen.

Laubbäume

Laubbäume unterscheiden sich von Koniferen durch mehr oder weniger große Blattspreiten. Ein großer Teil gehört zu den Bedecktsamern *(Angiospermae)*, d.h. der Same wird von dem Fruchtknoten «bedeckt», also umhüllt. Auch gehören alle, mit zwei Ausnahmen, zu den zweikeimblättrigen Pflanzen *(Dikotyledonen);* der Keimling bildet zwei Keimblätter aus. Alle liefern Hartholz.

Die Form des Blattes (Blattspreite, Blattgrund, Blattrand) liefert ein gutes Bestimmungsmerkmal; diese bildet sich aus der jeweiligen Musterung der Blattnervatur, die man vielleicht besser mit «Äderung» bezeichnen würde, da die Leitgefäße dem Blatt die lebensnotwendige Nahrung zuführen. Die Photosynthese (Assimilation) ist die Hauptfunktion des Blattes: Anorganische Kohlensäuregase aus der Luft werden in organische Stoffe umgewandelt, und zwar mit Hilfe der Sonnenlichtenergie. Durch die Wurzeln nimmt der Baum Wasser samt den darin gelösten Nährsalzen auf, das in den Leitgefäßen bis in die äußersten Blätter transportiert wird. Diese Leitgefäße haben zwei «Röhren» mit verschiedenen Aufgaben: Einerseits führen sie nährstoffhaltiges Wasser in das Laubwerk hinauf, andererseits versorgen sie in umgekehrter Richtung den Baum mit den Endprodukten der Photosynthese, vor allem mit Zucker und Stärke.

Das überschüssige Wasser wird wieder an die Luft abgegeben, verdunstet also. Dieser Vorgang ist bei den Koniferen weniger charakteristisch, da die nadelförmigen Blätter die Transpiration einschränken. Fast alle Laubbäume der gemäßigten Zone werfen im Herbst ihre Blätter ab, weil während der kalten Jahreszeit nicht genug Wasser vom gefrorenen Erdboden dem Baum zugeführt werden könnte. Alle Nährstoffe, die ein Blatt enthält, werden vor dem Laubfall dem Stamm zugeführt. Jedes abgefallene Blatt hinterläßt auf dem Trieb eine Narbe. Die vermodernden Laubblätter bilden mit der Zeit neuen Humus.

Blüten

Die Blütezeit der Laubbäume ist relativ kurz, dennoch sind die Blüten ein sehr wichtiges und nützliches Bestimmungsmerkmal. Während Koniferenpollen vom Wind auf die weiblichen Blütenzäpfchen getragen werden, wird der größte Teil der Laubbäume durch Insekten bestäubt und befruchtet, die von den leuchtenden Farben und starken Düften angelockt werden. Vier verschiedene Blütenstände sind oben abgebildet:

Bei der **Traube** (**a**) gruppieren sich rings um die Spindel (Rachis) gestielte Blüten. Die **Rispe** (**b**) ist meist locker verzweigt mit dichtgedrängten Blüten. Bei der **Dolde** (**c**) sprießen alle gestielten oder ungestielten Blüten aus demselben Punkt. Bei der **Doldentraube** (**d**) sind die untersten Blütenstiele so lang, daß die Blüten fast auf einer Ebene liegen.

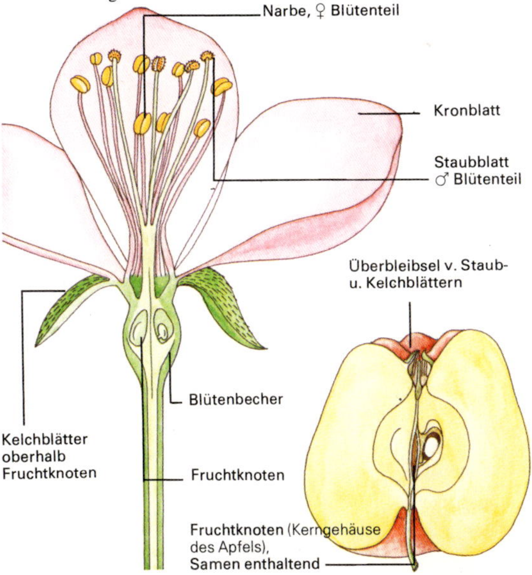

Anhand des obigen Beispiels wird eine der abertausend Entwicklungen von der Blüte zur Frucht gezeigt. Hier entwickelt sich das Fruchtfleisch aus dem Blütenbecher. Die Kronblätter fallen ab, Staub- und Kelchblätter verdorren, und Reste davon verbleiben als «Fliege» an der Fruchtbasis. Aus dem Fruchtknoten entwickelt sich das Kerngehäuse, das die Samen enthält.

Fruchtbildung

Wohl die wichtigste Aufgabe der Frucht ist es, den Samen zu schützen, ihn einzuhüllen, bis dieser sich entwickelt hat, sich reif verbreiten und somit die Fortpflanzung der Arten sichern kann. Meistens werden mehr Blüten ausgebildet, als es Früchte gibt, weil nicht alle Blüten befruchtet worden sind oder der größere Teil männlich war. Man unterscheidet mehrere Fruchtausbildungen: Der Apfel, zum Kernobst gehörend (s. S. 71), ist eine **Scheinfrucht,** die rund um die Samen in einem Gehäuse ein fleischiges Gewebe ausbildet. Eine **Kapsel (a)** hat der **Eukalyptusbaum.**

Eine **Steinfrucht (b)**, hier als Beispiel die Kirsche, bildet ein fleischiges Gewebe rund um einen «Stein» aus, der einen oder mehrere Samen enthält. **Zäpfchen,** wie die Erlen sie tragen, haben spiralig angeordnete oder gegenständige Schuppen, zwischen denen sich zwei oder mehrere Samen befinden. Die Eschen bilden **Flügelfrüchte (d)** aus; hier wird der Same von einem langen schmalen Flügel umgeben. Die hier abgebildete Eichel ist eine **Nuß (e)**, der Same wird von einer harten Schale eingehüllt, der zudem noch in einem sogenannten **Hüllbecher** oder einer **Cupula** sitzt.

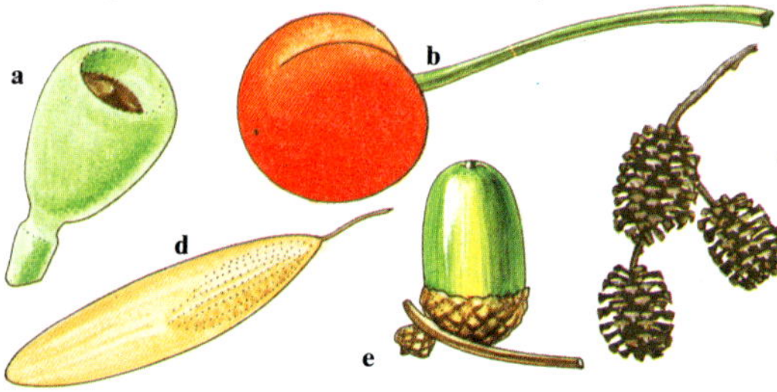

Keimung der Samen

Samen, die zufällig auf geeignetem Boden landen, können, bevor sie keimen, ein oder zwei Jahre «schlafen»; man nennt dies Samenruhe. Allmählich wird durch die Bodenfeuchtigkeit die Samen-Schale aufgeweicht, bis dann im Laufe der Zeit die Wurzelspitze durchbricht und in die Erde dringt; mit feinen Wurzelhärchen wird Nahrung, nährstoffhaltiges Wasser aufgenommen. Übrigens werden diese Wurzelhaare jedes Jahr neu gebildet, solange die Pflanze lebt. Etwas später entwickeln sich die beiden Keimblätter; der Keimling ist das jüngste Stadium der Pflanze. Bei der unten abgebildeten Roßkastanie verbleiben die Keimblätter in der Samenschale.

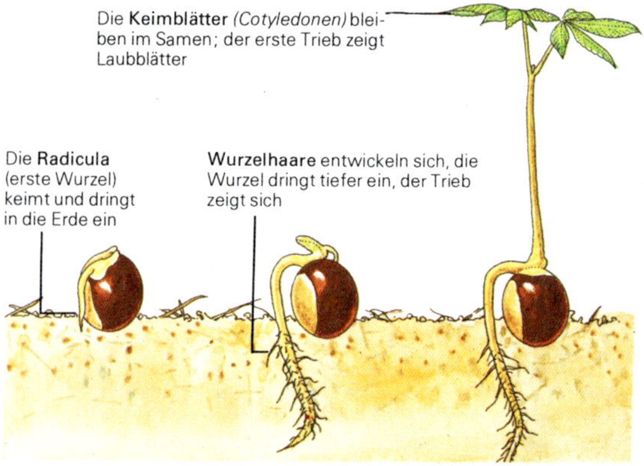

Weidengewächse Salicaceae

Diese große Familie zählt über 350 Arten, die mit einer einzigen Ausnahme zu den beiden Gattungen Weiden und Pappeln gehören. Beide zeigen ein wichtiges Hauptmerkmal: Sie sind gewöhnlich zweihäusig, haben also weibliche und männliche Blüten auf verschiedenen Pflanzen; diese Blüten haben weder Kelch- noch Kronblätter, und die Blütenstände sind gedrängt. Es sind die sogenannten *Kätzchenträger*. Weiden und Pappeln bevorzugen feuchte Standorte, und bei beiden gibt es sehr viele natürliche Hybriden, so daß es sehr schwierig ist, sie zu bestimmen.

Pappeln Populus

Der Pollen der Pappeln wird durch den Wind verbreitet, die Blätter haben eine breite Spreite und einen langen Stiel, der meistens auf einer Seite abgeflacht ist. Die Triebe mit einer Endknospe sind brüchig; Hybriden sind raschwüchsiger und bessere Holzlieferanten als ihre Eltern.

Weiß-Pappel

POPULUS ALBA

Triebe schlank, weißwollig, im 1. Jahr grün. **Knospen** eirund. $\male$ **Kätzchen** 4–8 cm, erscheinen im März vor Blattaustrieb

B'spreite im Austrieb beiderseits weißfilzig

25 m. Krone oft leicht geneigt. **Zweige** gedreht, Spitzen hängend. **Rinde** glatt, grauweiß, mit schwarzen, rautenförmigen Lentizellen

Blattbehaarung nur unterseits und am B'stiel verbleibend; Sommerblätter erscheinen schneeweiß

B'form verschieden, 9 cm, fünflappig auf starken Trieben, 5 cm, fast kreisrund auf schwachen Trieben. **B'stiel** abgeflacht, 4 cm

Die Weiß-Pappel ist in Mittel- und Südeuropa, in Mittel- und Westasien und in Nordafrika beheimatet. Mit der Zitter-Pappel (S. 74) gehört sie zu jener Gruppe, die eine glatte Rinde aufweist und gelappte, grob gezähnte Blätter hat. Die ‚Pyramidis', in Turkmenien entdeckt, hat eine breitere Kronspitze als *P.nigra* ‚Italica' (S. 75); ‚Richardii' hat goldgelbe Blätter.

Grau-Pappel

POPULUS CANESCENS

Diese natürliche Hybride aus Weiß-Pappel und Espe wird bis zu 35 m hoch und hat eine mehrteilige, gewölbte Krone. Die Blattform ist ähnlich wie bei der Weiß-Pappel, die Unterseite ist jedoch grauer und weniger filzig, aber nie kahl, wie jene der Espe. Weibliche Grau-Pappeln sind sehr selten; sie werden durch Ableger vermehrt.

Espe, Zitter-Pappel

POPULUS TREMULA

Kommt in ganz Eurasien vor, vom Tiefland bis ins Gebirge. Sehr anspruchslos, Bodenfestiger durch Ableger. Durch den besondern Blattstiel, der sich beim leisesten Windzug bewegt (Zitter-Pappel!), wird die helle Blattunterseite sichtbar.

Schwarz-Pappeln

Populus nigra

P.nigra betulifolia: 30 m. **Krone** ausladend, dicht belaubt, stark verzweigt. **Stamm** oft rauh

P.nigra ‚Italica': **35 m.** **Krone** spitz zulaufend. **Stamm** rauh, oft m. Wasserreisern

Knospen bis 8 mm (beide Bäume)

♂ **Kätzchen** (beide Bäume) 5 cm, im März blühend

Trieb glatt, vom 3. J an graubraun

B'stiele (beide Bäume) lang, immer abgeflacht

‚Italica' B ausgesprochen dreieckig, kahl

Blätter (beide Bäume) 8 cm, gelb im Herbst. **Zähne** vorwärts gebogen. **Rand** dick, hell

P.nigra betulifolia kommt häufig in West- und Nordeuropa vor. *P.nigra,* ein mächtiger Baum, ist in Deutschland, Österreich und der Schweiz häufiger. Die weitausladenden, bogenförmig übergeneigten Äste mit in dichten Büscheln stehenden geraden Trieben und die tiefen Längsfurchen am Stamm sind gute Merkmale. Die viel häufiger angepflanzte ‚Italica'-Pyramiden-Pappel kommt wahrscheinlich aus Mittelasien. Die ähnliche ‚Plantierensis' hat glänzendere Blätter, eine etwas breitere, dichter belaubte Krone. Blattstiele und Triebe sind zuerst behaart, im Sommer werden sie kahl. *Pemphigus bursarinus,* die sog. ‚Pappelstiellaus', befällt oft diese Pappeln und hinterläßt spiralförmige Gallen auf den Blattstielen.

Bastard-Schwarz-Pappel

POPULUS × EURAMERICANA

P.,Regenerata':
30 m. Krone *(links)* B'stellung gebüschelt. **Rinde** seicht rissig. **Blatt** *(oben)* 8 cm, im Austrieb hellbraun. B'stiel 5 cm, abgeflacht. **Kätzchen** im Juli, wenn sie abfallen, weiß-wollig

P. × ,Serotina': **40 m. Krone** *(rechts)* asymmetrisch, breit. **Äste** stark, einwärts gebogen. **Stamm** lang. **Rinde** tief rissig. **Blatt** *(unten)* 8 cm, im Austrieb rötlich, erscheint sehr spät, nach Kätzchen. Rand verdickt, hell. **B'stiel** 6 cm, abgeflacht, oft mit 1–2 Drüsen nahe B'grund

P.,Serotina Aurea':
Blatt goldgelb, im Herbst sich gelbgrün färbend

,Robusta':
Trieb erst filzig, dann geriffelt. **Knospen** lang, klebrig, angedrückt. **Kätzchen** zahlreich im April

,Robusta':
40 m. Krone dichter u. regelmäßiger als ,Serotina'. **Blatt** 9 cm, im Austrieb orange, bald glänzendgrün. **B'stiel** 9 cm, schwach flaumig.

Diese Schwarz-Pappel-Bastarde wurden aus vegetativen Stecklingen einer Kreuzung von *Populus nigra* (S. 75) und der nächstverwandten *P.deltoides* gezüchtet. Als Klone sind sie entweder männliche oder weibliche Bäume, die man unter Fachleuten als Kultursorten der *P.× euramericana* bezeichnet. Unter den hier abgebildeten Sorten ist ,Regenerata' die einzige weibliche, ,Serotina' die am weitesten verbreitete und ,Robusta' die raschwüchsigste. Diese Schwarz-Pappel-Bastarde sind wichtige Holzlieferanten, da sie widerstandsfähig sind und ebenmäßige, astlose Stämme haben.

Balsam-Pappeln

P. TRICHOCARPA, P. BALSAMIFERA, P. × CANDICANS

Westl. Balsam-Pappel: ♂ *Kätzchen (rechts)* dick u. lang, 8 × 1,5 cm, treiben im April vor den Blättern aus. *Knospen* 2 cm, angedrückt, harzig, kaum behaart. *Frucht (oben)* 3 Fruchtblätter, behaart, im Mai weißwollig

Westl. Balsam-P. *(P. trichocarpa):* **35 m. Krone** konisch. **Äste** quirlig, zahlreich, **Blätter** *(rechts)* groß, 15–30 cm, dick, im Herbst gelb, unten immer gelblichweiß. **B'stiel** 3 cm, dick u. rund.

Östl. Balsam-P. *(P. balsamifera)* **Trieb** *(rechts)* rund, nicht kantig. **Knospen** länger als bei der Westl. Balsam-P., angedrückt. **Blätter** *(unten)* 12 cm, breiter, stumpfer als bei W.-Balsam-P., aber sehr veränderlich. **B'spreite** kahl, unten schwach flaumig, fein gezähnt. **B'stiel** 7 cm, rund

Gilead-Pappel *(P. × candicans):* **Blätter** *(oben)* 15 cm, unten flaumig. **B'rand** gewimpert. **B'stiel** 7 cm, flaumig, rundlich. **Trieb** zuerst behaart, kantig. **‚Aurora'-Sommerblätter** *(zuoberst)* sind rahmweiß und rosa gesprenkelt

Diese Bäume erkennt man im Frühsommer von weitem an ihrem balsamischen Duft, den die großen, harzhaltigen Knospen und die neuen Blätter ausströmen. Die Blattunterseite ist immer gelbweiß, der Blattstiel nie abgeflacht, der Blattrand nie hell. Die Westliche wie auch die Östliche Balsam-Pappel kommen aus Nordamerika und sind raschwüchsig; letztere macht Ableger rund um ihren Stamm. Die Gilead-Pappel produziert so viele Ableger, daß dies recht lästig wird, auch ist sie krankheitsanfällig. Die Gilead-Pappel zu pflanzen ist nicht empfehlenswert. ‚Aurora', mit den verschiedenfarbigen Blättern, ist zu bevorzugen. Die Setchuanica-Pappel *(P. szechuanica)* ist bemerkenswert durch ihre großen Blätter, deren Unterseite beim Austrieb purpurflaumig ist.

Berliner Lorbeer-Pappel

POPULUS × BEROLINENSIS

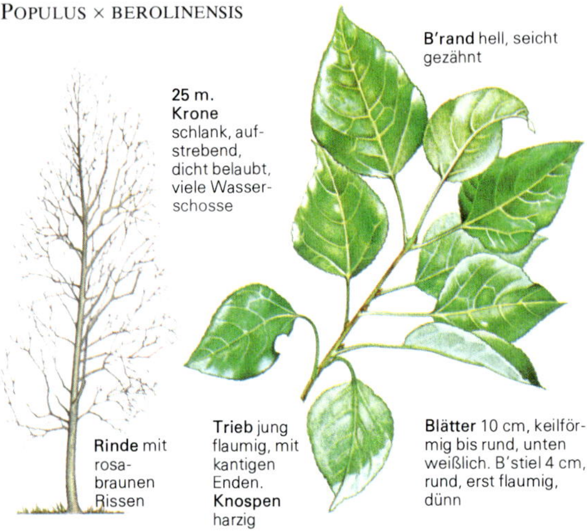

Diese Kreuzung zwischen *P.,Italica'* (S. 75) und *P.laurifolia* hat von der letzteren die rautenförmigen Blätter; sie hat sich extremen klimatischen Verhältnissen angepaßt. Deshalb wird sie sehr häufig angepflanzt. *P.simonsii,* aus China stammend, hat kürzere Blattstiele, eiförmige Blätter und eine weißliche Rinde.

Haarfrucht-Pappel, Großblatt-Pappel

POPULUS LASIOCARPA

Die wunderschönen großen Blätter sind das allerbeste Merkmal dieser Pappelart, die wild in feuchten Waldgebieten Chinas vorkommt. Die nächste Verwandte ist *P.wilsoniana* aus demselben Gebiet, aber diese hat kleinere, seegrüne Blätter, unterseits nicht behaart, einen abgeflachten Blattstiel und harzige Knospen.

Weiden Salix

Im Gegensatz zu den Pappeln werden die Weiden meistens von Insekten bestäubt, die Kätzchen sind steifer, die Blüten bieten Nektar an, die Blätter mit Nebenblättern sind schmaler und länger, die Blattstiele kürzer, und die Knospen haben nur eine Schuppe.

Silberweiden

SALIX ALBA, SALIX ALBA ,SERICEA'

♂ **Kätzchen** (beide Weiden) 5 cm

Krone rund, dicht belaubt

Silberweide *(oben)*: **25 m. Zweige** ausgebreitet. **Stamm** kräftig. **Rinde** kreuzweise gefurcht, rissig. **Blätter** *(rechts)* 8 cm, hellgrün. **B'spreite** obers. lang seidenhaarig, unters. kurz wollhaarig

Silberweide ,Sericea' *(oben)*: **15 m. Krone** konisch. **Zweige** aufsteigend, schwächere hängend. **Blätter** *(unten)* ähnlich wie bei Silberweide, aber etwas breiter und stärker behaart. Triebe und Knospen im Austrieb silbrigweiß, beide behaart

B' fein gezähnt. B'stiel kurz (5 mm). **Trieb** dünn, dicht behaart, nicht brüchig. **Knospen** 2 mm, abgeflacht

Kommt wild in fast ganz Europa vor. Die Silberweide ist die kräftigste und größte. Wird gelegentlich mit der Bruchweide verwechselt (S. 80), aber ihre Zweige sind viel weniger brüchig, die Rinde weniger rissig; diese Art wird oft zurückgeschnitten («Kopfweide»); die langen Triebe werden für die Korbflechterei verwendet. Die häufige ,Sericea' erkennt man an der Form der Blätter, die stärker behaart sind.

‚Chermesina'-Weide

SALIX ALBA ‚CHERMESINA'

Wegen der langen rötlichen Triebe, die oft zurückgeschnitten werden, erreicht diese Weide selten ihre natürliche Wuchshöhe. Sie ist eine von mehreren Formen.

Purpur- ‚Coerulea'-Weide

SALIX ‚COERULEA'

Diese kräftige weibliche Weiden-Hybride (wahrscheinlich eine Kreuzung von *S.alba* und *S.fragilis)* liefert ausgezeichnetes Holz für diverse Sportgeräte.

Bruch-Weide

SALIX FRAGILIS

S.alba sehr ähnlich, wird auch oft gekappt, wächst ebenfalls auf feuchtem Grund. Blätter sind jedoch breiter, größer und gröber gezähnt. Die brüchigen Zweige gaben ihr den Namen.

Trauer-Weide

SALIX × CHRYSOCOMA

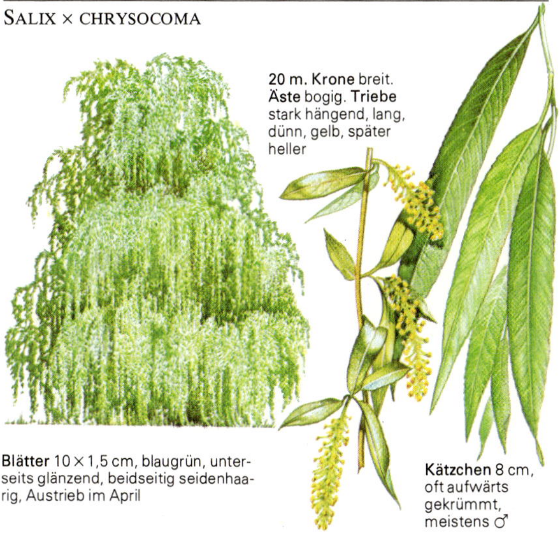

Diese attraktive Hybride der Silberweide und der chinesischen Trauer-Weide, mit ihrem hängenden «trauernden» Astwerk, wird oft an Fluß- und Seeufern angepflanzt; die viel seltenere Chinesische Trauer-Weide *(S.babylonica)* hat *braune* Triebe, und ihre Blätter sind beinahe ganzrandig.

Korkenzieher-Weide

SALIX MATSUDANA 'TORTUOSA'

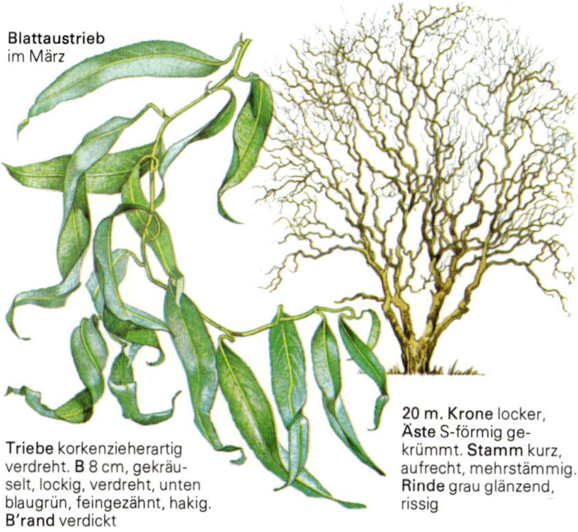

Diese Sorte findet man oft in Gärten; sie bevorzugt trockenen Boden. Ihre Blätter treiben als erste im Frühjahr aus und fallen als letzte im Herbst. Die Korkenzieher-Weide mit ihrem charakteristischen Astwerk kann nur mit der Korkenzieher-Hasel verwechselt werden.

Asch-Weide, Sal-Weide

SALIX CINEREA, SALIX CAPREA

Asch-Weide: Blätter 8 cm. **Nervatur** vertieft, unten behaart. **Nebenblätter** ausdauernd

Asch-Weide *(oben)*: **10 m. Krone** rundlich, oft mehrstämmig, buschig

Sal-Weide *(rechts)*: **10 m. Krone** locker. **Stamm** oft krumm

Sal-Weide-Blätter bis 10 cm, variabel, meist eiförmig, unten fein behaart

Sal-Weide-Kätzchen (♂ und ♀) seidig im Spätwinter

Knospen 4 mm, rot

Trieb erst grau, langhaarig, aber glänzend, später verkahlend, rotbraun; im 2. J nicht streifig unterhalb der Rinde

B'stiel d'rot

♂ **Kätzchen** *(oben)* 3 cm, vor B'austrieb im März

♀ **Kätzchen** *(rechts)* 5 cm, grünl. blühend, im Mai wollige Samen entlassend

Asch-Weide und Sal-Weide sind so nah verwandt, daß es äußerst schwierig ist, sie auseinanderzuhalten. Man spricht von beiden als «Kätzchen-Weiden», da sie schon im Spätwinter ihre silbrigen Kätzchen zeigen und den Bienen den ersten Pollen anbieten. Beide Weiden haben sehr ähnliche Kätzchen, aber die Triebe der *S.cinerea* sind immer dicht behaart, die Blätter haben unterseits oft rostbraune Haare, besonders die Unterart *atrocinerea*, die wiederum weniger flaumige Triebe hat und weniger buschig wächst. Samen von Asch- und Sal-Weide können nur auf feuchtem Grund keimen.

Korb-Weide

SALIX VIMINALIS

Die Korb-Weide kommt in ganz Europa vor, ebenso in Asien, im Himalajagebiet und in Sibirien. Sie kann 10 m hoch werden, wird aber meistens gekappt, da ihre langen, biegsamen Zweige für die Korbflechterei verwendet werden. An Flußufern und anderen feuchten Standorten wächst sie besonders gern. *S.elaeagnos,* die Lavendel-Weide, hat weniger lange (bis 15 cm) Blätter und gekrümmte Kätzchen.

Lorbeer-Weide

SALIX PENTANDRA

Auffallend durch die dunkelglänzenden Blätter und den späten Austrieb der Kätzchen, die erst im Mai blühen; die Lorbeer-Weide kommt in ganz Europa und Westasien vor: Die Reif-Weide *(S.daphnoides)* hat weißliche, drüsig gesägte Blätter und brüchige, braunrote Zweige.

Walnußgewächse Juglandaceae

Meist sehr große Bäume mit großen, kräftigen, gefiederten Blättern; Kätzchen, die sehr lang sind, hängen schon im Winter an den Ästen. Die Frucht, meistens eßbar, ist eine Steinfrucht oder eine Nuß. Bei *Juglans* und *Pterocarya* ist das Mark gekammert.

Walnuß

JUGLANS REGIA

Blätter 45 cm, gefiedert. **Teilblättchen** (5–9) bis 18 cm. **Kätzchen** vor B'austrieb

Blatt ganzrandig

Teilblättchen fast sitzend, nur **Endblättchen** gestielt

Fruchtreife Sept., erst grüne, dann schwarze Schale, die austrocknet und die «Nuß» freigibt

Frucht 5 cm. **Same** runzelig

25 m. **Krone** breit, gewölbt. **Äste** niedrig, stark gekrümmt, kräftig

Rinde gefurcht
Stamm aufrecht

Triebe dick. **Mark** gekammert
Knospen 6 mm, zerrieben aromatisch duftend

Über das natürliche Vorkommen der Walnuß herrscht Unklarheit. Sie wurde aber schon in ältester Zeit in Asien und Europa kultiviert. In Frankreich und in Kalifornien gibt es große Anbauflächen. *Juglans regia* ist die einzige Art dieser Familie mit ganzrandigen Blättern.

Schwarznuß

JUGLANS NIGRA

Dieser Baum aus Nordamerika hat eine dunkle, schwarzbraune Rinde mit rautenförmigem Muster. Schmaler als die Walnuß, kann diese Art bis zu 30 m hoch werden. Die Blätter sind größer, mit mehr Teilblättchen. Die Butternuß *(J.cinerea)* hat bis zu 80 cm große Blätter und klebrig behaarte Früchte.

Kaukasische Flügelnuß

PTEROCARYA FRAXINIFOLIA

Dieser kräftige, aus Kaukasien stammende Baum hat meistens rings um den Stamm viele Ableger; die Zweige haben ein gekammertes Mark. Gute Erkennungsmerkmale: Knospen ohne Schuppen, lange hängende Fruchtstände. Die Hybrid-Flügelnuß *(P.× rehderiana)* hat am Blattstiel schmale Flügelleisten.

Bitternuß

CARYA CORDIFORMIS

Kommt wildwachsend im östlichen Teil Nordamerikas vor. Die Samen haben einen charakteristischen Geschmack, die Winterknospen leuchten gelb. Die Blätter mit bis zu 11 Teilblättchen haben eine hellere Unterseite und gilben im Herbst. Die Schweinsnuß *(C.glabra)* hat glatte, nicht geriefte Samen, die Teilblättchen sind kahl.

Zottige Carya, Shagbark Hickory

CARYA OVATA

Nur diese Art hat die charakteristische Rinde, die sich in streifigen Platten ablöst und sich lockig aufrollt. Die Königsnuß *(C.laciniosa)* hat zwar auch lange, sich ablösende Rindenplatten, aber die Blätter haben 7 Teilblättchen und sind unterseits flaumig behaart.

Birkengewächse Betulaceae

Zu dieser Familie zählt man ungefähr 40 Arten, meistens Bäume oder Sträucher, die wild in Europa und Asien vorkommen. Alle Birken gehören zu den Kätzchenträgern; die ♂ und ♀ entwickeln sich auf demselben Baum; die weiblichen sind nur im Blütestadium aufrecht, beim Reifen hängen sie herunter wie die männlichen. Bei drei Gattungen, *Betula* (S. 87–89), *Alnus* (S. 90–91) und *Corylus* (S. 92) werden die Kätzchen schon im Herbst ausgebildet und überwintern; meist öffnen sie sich vor dem Blattaustrieb und geben den Pollen frei. Bei *Carpinus* (S. 93) sind sie in der Winterknospe versteckt.

Weiß-Birke, Sand-Birke

BETULA PENDULA

Die Weiß-Birke, die in fast ganz Europa und Kleinasien natürlich vorkommt, ist an ihrer bezeichnenden Rinde und den unbehaarten Zweigen zu erkennen. Sie wächst auf leichten, trockenen und sandigen Böden und mag keinen Schatten. ‚Dalecarlica' aus Südschweden ist eine ihrer anmutigen Kultivare.

Papier-Birke

BETULA PAPYRIFERA

Papier-Birken kommen ziemlich häufig in Kanada und im nördlichen Nordamerika vor. Die Indianer haben früher die schöne, oft rosafarbene Rinde benutzt, um ihre Kanus damit zu überziehen. Die Setschuan-Birke *(B.platyphylla* var. *szechuanica)* hat eine kreideweiße, ledrige Rinde, 12 cm lange Blätter, unterseits blaugrün.

Moor-Birke

BETULA PUBESCENS

Moor-Birken vertragen klimatische Schwankungen besser als die Weiß-Birke, die unbehaarte Zweige hat. Die 15 cm großen, doppelt gezähnten Blätter der japanischen Erman-Birke *(B.ermanii)* sind unterseits glänzend, mit 7 bis 11 Nervenpaaren.

Himalaja-Birke

BETULA UTILIS

B'stiel behaart, dick, gefurcht, rot od. gelb. **Blätter** fein doppelt gezähnt

Zähne scharf, hakig

Grüne **Knospen**spitze

Blätter 8 cm, hart, oft glänzend. **Unterseiten** blasser, spärlich behaart

Rinde meist kupferbraun bis weißl.

B'Nerven eingedrückt, 10–14 Paare

Knospen 8 mm, flach, abstehend. **Trieb** anfangs behaart

Bessere Merkmale als die Rinde der Himalaja-Birke sind die klebrig behaarten Triebe, grünbespitzten Knospen und derben Blätter mit regelmäßiger Nervatur. Die Weißrindige Himalaja-Birke *(B.jacquemontii)* hat das reinste Weiß aller Birkenarten und grob gezähnte Blätter mit nur 7 bis 9 Nervenpaaren.

Gelb-Birke

BETULA LUTEA

15 m. Krone eiförmig, oft locker.

Stamm kurz. **Triebe** spitzwinklig angesetzt

Verzweigung strahlig

Rinde bronzefarben, gelblich, grau, abrollend, aromatisch duftend

Frucht 4 cm, aufrecht

Rindenstreifen leicht brennbar, auch wenn feucht

Blätter 11 cm, glänzend, im Herbst gelb

B'rand unregelmäßig, doppelt gezähnt

B'nerven unten behaart. **B'stiel** 2 cm, gefurcht, behaart

Im östlichen Nordamerika wildwachsend, kann sie bis zu 30 m hoch werden. Auffallend ist diese Birke durch die goldgelbe Herbstfärbung und die langen Haare an Blättern und Jungtrieben. Die Zucker-Birke *(B.lenta)* mit der dicken schwarzen Rinde hat größere Blätter, die regelmäßiger gezähnt sind.

Schwarz-Erle

ALNUS GLUTINOSA

Schwarz-Erlen bevorzugen feuchte Standorte; ihre Samen sind mit Schwimm«häuten» ausgestattet und werden durch das Wasser verbreitet. Als Tiefwurzler verfestigen sie Fluß- und Seeufer und verbessern den Boden mit ihren Stickstoff fixierenden Wurzelknöllchen. Auch an trockeneren Orten, wo sie sich aber nicht fortpflanzen. ‚Laciniata' und ‚Imperatis' haben tiefer gelappte Blätter.

Grau-Erle

ALNUS INCANA

Grau-Erlen werden häufig angepflanzt, und die charakteristische Behaarung der Jungtriebe und der Blattunterseite hilft beim Bestimmen. Rot-Erlen *(A.rubra)* haben größere, aber schmalere Blätter, die deutlich gelappt sind; kantige, kahle Triebe.

Italienische Erle

ALNUS CORDATA

Widerstandsfähigkeit gegen Luftverschmutzung und Anpassung an trockenere Standorte haben aus dieser Erle einen beliebten Straßenbaum gemacht. Bemerkenswert sind die birnbaumähnlichen Blätter mit den orangeroten Bärtchen in den Blattnervachseln, die klebrigen Zweige und Knospen und die großen «Zapfen».

Hasel, Wald-Hasel

CORYLUS AVELLANA

Diese nicht sehr großen Sträucher sind in ganz Europa heimisch. Die besten Merkmale sind die Nüsse, die dichtbehaarten Zweige und Blätter und die rundlich-langen männlichen Kätzchen. Die weiblichen sind sehr klein und zeigen drei rote Narben. ‚Contorta' mit korkenzieherartig gedrehten Ästen ist als Zierbaum beliebt.

Baum-Hasel

CORYLUS COLURNA

Weil sie als einzige Hasel wie ein Baum aussieht, hat sie diesen Namen erhalten. Ein gutes Merkmal sind auch die dicht umhüllten Nüsse. *C.maxima,* ebenfalls vom Balkan stammend, hat einen dünnen Hüllkelch, der mindestens zweimal so lang ist wie die Nüsse.

Hagebuche, Weißbuche

CARPINUS BETULUS

Oft wird die Hagebuche mit einer Buche (S. 94) verwechselt. Aber beim Untersuchen der Blätter erkennt man, daß erstere doppelt gezähnte Blätter hat, mit vertieften, parallel verlaufenden Nervenpaaren. Auch sind die kleineren Knospen, die sich eng an den Trieb schmiegen, sehr verschieden von jenen der Buche. Hagebuchen werden forstlich angepflanzt und dienen oft als Hecke. Als wertvoller Hartholzlieferant wurden diese Bäume in früheren Zeiten stark gekappt und als Brennholz verwendet.

Buchen und Eichen Fagaceae

Alle Arten dieser riesigen Familie, zumeist in gemäßigtem Klima vorkommend, haben einfache, wechselständige Blätter; die Früchte sind Nüsse. Diese werden vom Fruchtbecher *(Cupula)* ganz umschlossen wie bei *Fagus, Nothofagus* (S. 96/97) und *Castanea* (S. 105); er ist aber auch becherförmig ausgebildet wie bei *Quercus* (S. 98–104). Männliche und weibliche Blütenkätzchen wachsen auf demselben Baum.

Rot-Buche, Gemeine Buche

FAGUS SYLVATICA

Das beste Merkmal dieses majestätischen Baumes ist die glatte Rinde. Seine natürliche Heimat ist Mitteleuropa, doch wird er als wertvoller Holzlieferant weltweit angepflanzt. Die Orient-Buche *(Fagus orientalis)*, in Kleinasien und Bulgarien beheimatet, hat größere, nicht gewellte Blätter mit 7 bis 10 Nervenpaaren und blattartige Fruchtbecher.

Einige Buchen-Kultivare

Blutbuche (‚Purpurea'): tief d'rote Blätter

Blätter (Blutbuche): jung rot bis braunrot, später mehr u. mehr vergrünend

‚Purpurea': im Schatten grüner

‚Pendula' u. **‚Dawyck':** beide bis 30 m hoch

Trauerbuche (‚Pendula'): Äste oft waagrecht ausgebreitet, dann hängend. **Blätter** breit. **Rinde** silbergrau

Dawyck-Buche (*F. sylvatica* ‚Dawyck'): sich stark verjüngend. **Zweige** bogig aufsteigend, dicht; Habitus gleicht der Schwarzpappel (S. 75)

B'stiel 1,5 cm, behaart

Blätter tief geschlitzt, unten behaart

Blätter bis 10 cm

Farn-Buche (‚Laciniata') sehr unterschiedliche Blätter, von weidenförmig bis dreieckig schmal geschlitzt.

Die Buche ist bekannt für die charakteristischen Eigenschaften der Kultivare. Die Blätter der Blutbuchen können von tief Purpurn bis zu Rot wechseln. Der Habitus der Trauer- und der Dawyck-Buchen ist unverwechselbar, ebenso die Blattform der Farn- oder Schlitzblättrigen Buche. ‚Zlatia' treibt goldgelbes Laub bis in den Juli; ‚Rotundifolia', ziemlich selten, hat kleine, fast kreisrunde Blätter.

Schein- oder Südbuche Nothofagus

Zur Gattung *Nothofagus* werden etwa 40 Arten gezählt, die alle in der Südhemisphäre vorkommen. Sie unterscheiden sich von den echten Buchen durch kleinere Früchte mit 3 bis 7 Nüßchen, rundere Knospen und viel kleinere, immergrüne Blätter; die bei uns am meisten angepflanzten Arten (3) sind sommergrün.

Rauli

NOTHOFAGUS PROCERA

Rauli, aus den Anden stammend, wird bei uns immer mehr angepflanzt, da sie außerordentlich gutes Holz liefert. Sie ist ungewöhnlich raschwüchsig auf durchlässigem gutem Boden und an geschützten Stellen.

Robelbuche

NOTHOFAGUS OBLIQUA

Die chilenische Robelbuche ist ebenso kräftig wie Rauli, verträgt aber besser trockenere Standorte. Die Antarktische Südbuche *(N.antarctica)* ist kleiner, höchstens 15 m hoch, und hat runzlige, beinahe sitzende glänzende Blätter mit vier Nervenpaaren, die zwischen zwei Zähnen enden.

Chilenische Südbuche

NOTHOFAGUS DOMBEYI

Die chilenische Südbuche mit harten immergrünen Blättern wird bei uns nur noch selten angebaut. *Nothofagus fusca* aus Neuseeland ist ebenfalls immergrün und hat dünne, eiförmige, 5 cm lange Blätter, die grob gezähnt sind. Bevor sie abfallen, färben sie sich rot.

Eichen Quercus

Die Eichen, meist Bäume, umfassen über 400 Arten (ohne natürliche Hybriden) und besiedeln gemäßigte Zonen in Europa, Asien und Nordamerika. Die Eicheln sind ein gemeinsames Merkmal aller Arten. Diese becherförmigen Früchte brauchen ein bis zwei Jahre, um auszureifen. Auch Blatt- und Knospenstellung sind charakteristisch: Sie sitzen büschelig an den Triebenden, was *Quercus* von allen andern Gattungen unterscheidet. Gleichzeitig mit dem Blattaustrieb zeigen sich ♀ und ♂ Blütenkätzchen; die weiblichen sind aufrecht, unauffällig grün, die männlichen lang und hängend. Ungefähr die Hälfte aller Eichenarten sind immergrün.

Trauben-Eiche

QUERCUS PETRAEA

Ein gerader, hochgewölbter Stamm, etwas kleinere fast stiellose Eicheln und der keilförmige Blattgrund unterscheiden die Trauben-Eiche von der Stiel-Eiche. Die Trauben-Eiche wächst gern auf steinigem, aber lockerem Boden. Die sehr ähnliche Flaum-Eiche *(Q.pubescens)* hat dichtbehaarte Blätter und Triebe.

Stiel-Eiche

Quercus robur

Belaubung büschelig, dicht

35 m. Krone breit

Äste kräftig, massiv, sehr unregelmäßig, oft Wasserschosse

Krone unregelmäßig gewölbt. **Stamm** kurz, sehr dick, **Rinde** dicht gefurcht, kurze, rechteckige Platten

B'grund geöhrt. **B'stiel** 1 cm

Lappen 4–5, tief eingeschnitten

Blätter bis 12 cm, i.d. Mitte am breitesten

Eicheln 2,5 cm, oft zu 2, auf langem dünnem Stiel, bis zu 10 cm

Pyramiden-Eiche (*Q. robur* ,Fastigiata'): ähnlicher Habitus wie Pyramiden-Pappel, s. schmal. Vorkommen: Mitteleuropa

Die Stiel-Eiche kommt häufig in ganz Europa vor. Sie gedeiht auf schwerem Lehmboden, aber auch auf anderen Böden, so z.B. auf steinigem wie *Q.petraea.* Im Gegensatz zur Trauben-Eiche hat sie unterseits kahle Blätter, und die Eicheln sind lang gestielt, ein Merkmal, das ihr zu ihrem Namen verhalf. Oft wird das junge Laub von einer Schmetterlingslarve befallen *(Quercusia quercus),* die aber nicht allzu großen Schaden anrichtet, da der Blattaustrieb bis zum September anhält.

Zerr-Eiche

QUERCUS CERRIS

In Südeuropa und Südwesteuropa wildwachsend und oft angepflanzt, kommt diese Eiche in unseren Gegenden recht selten vor. In warmem Klima wächst sie rasch und stetig und kann über 40 m hoch werden. Der Wuchs ist aufrechter als bei *Q.robur* (S. 99); ein Merkmal unterscheidet sie von allen andern Eichen: es sind die langen, faserförmigen Nebenblätter rund um die Knospen.

Spanische-Eiche, Lucombe-Eiche

QUERCUS HISPANICA ,LUCOMBEANA'

Die Lucombe-Eiche ist eine Form des veränderlichen Bastards aus *Q.cerris* und *Q.suber* (S. 102), die von der ersten Art folgende Merkmale geerbt hat: Habitus, Blattform, Knospen und Becher mit Nebenblättern. Hingegen kommen die Rinde und die fast immergrünen Blätter von der Korkeiche.

Mirbecks Eiche

QUERCUS CANARIENSIS

Vorkommen: Spanien, Portugal, Nordafrika. Einer der größten Bäume, dessen Blätter zum Teil noch im Winter grün bleiben. Die Persische Eiche *(Q.macranthera)* ist ähnlich, hat aber nur sommergrüne Blätter, deren Lappen runder sind, und die dunkelrot glänzenden Triebe sind behaart.

Ungarische Eiche

QUERCUS FRAINETTO

Die unverwechselbar großen Blattlappen kennzeichnen die Ungarische Eiche, die in Südosteuropa vorkommt. Die Eicheln, im ersten Jahr ausreifend, sind jenen der Mirbecks Eiche ähnlich. Die Amerikanische Weiß-Eiche *(Q.alba)* hat auch große, tief eingeschnittene Blätter, aber die Lappen sind abgerundeter und die Blattstiele bis zu 2,5 cm lang.

Kork-Eiche

Quercus suber

Die Blätter dieses Mittelmeerbaums sind jenen der Stein-Eiche und Zerr-Eiche sehr ähnlich. Die Rinde wird alle sieben Jahre geschält und verwertet. Die Spanische Eiche und die Chinesische Kork-Eiche haben auch diese korkige Rinde, aber letztere hat sommergrüne Blätter mit grannenartigen Zähnen; unterseits sind sie silbrigweiß.

Stein-Eiche

Quercus ilex

Krone breit gewölbt, oft mehrstämmig, bis zu 30 m hoch. Die düstere Stein-Eiche trägt nur im Juni ein lichteres Kleid, wenn die frischen Blätter austreiben. Die Kermes-Eiche ist ebenfalls im Mittelmeerraum heimisch. Sie «bewirtet» die Blattlaus *Chermes flicis,* die einen purpurroten Saft absondert, den man in der Stofffärberei verwendet.

Rot-Eiche

QUERCUS RUBRA

Die auffällige Herbstfärbung hat ihr den Namen gegeben; die robuste Rot-Eiche ist typisch für eine große Gruppe von Eichenarten, die weite Gebiete des östlichen Nordamerikas charakterisieren. Die grannenartigen Borsten an den Zähnen und die glatte Rinde sind gute Merkmale. Rot-Eichen haben dicke Äste, sind raschwüchsig und beeindrucken durch ihre hohe Kuppelkrone.

Scharlach-Eiche

QUERCUS COCCINEA

Die Scharlach-Eiche, die aus dem Osten Nordamerikas kommt, wird in Europa gewöhnlich weniger intensiv rot als in ihrer Heimat. Sie wird bis 25 m hoch; seltener als die Rot-Eiche. Unterscheidungsmerkmale: Die glänzenden Blätter sind kleiner und tiefer gelappt, die Eicheln kleiner, die Knospenränder behaart.

Sumpf-Eiche

QUERCUS PALUSTRIS

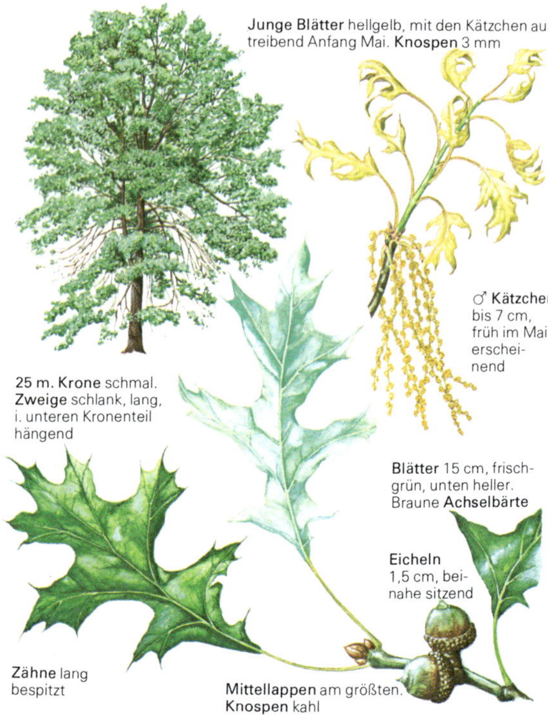

Kleine, sehr dünne Zweige, die gelegentlich am Stamm wachsen, sind ein guter Fingerzeig, um diesen Baum im Winter zu identifizieren. Die hervortretenden Achselbärte an der Blattunterseite und die seichten Eichelbecher sind ebenfalls gute Merkmale. Die Blätter der Sumpf-Eiche verfärben sich im Herbst rot, aber weniger intensiv als bei den nächsten Verwandten. Die Nordsumpf-Eiche *(Q.ellipsoidsalis)* hat sitzende, bis 2,5 cm große Eicheln.

Weiden-Eiche

QUERCUS PHELLOS

Die Weiden-Eiche, im südöstlichen Teil der USA beheimatet, treibt gelbgefärbte Blätter aus, die sich im Herbst golden verfärben. Die Schoch-Eiche *(Q.× schochiana)* ist eine Hybride aus *Q.phellos* und *Q.palustris*. *Q.imbricaria* hat breitere, nicht gelappte Blätter.

Edel-Kastanie, Eß-Kastanie

CASTANEA SATIVA

Wahrscheinlich von den Römern in Südeuropa eingeführt, beherrscht dieser wuchtige Baum weite Gebiete des Mittelmeerraums. Wegen seines widerstandsfähigen Holzes wird die Kastanie oft gekappt, und aus den kräftigen Trieben werden Zäune verfertigt. Obschon die Kastanie sehr nahe mit der Eiche verwandt ist, unterscheidet sie sich durch die weiblichen Blüten, die an der Basis der männlichen Kätzchen zu finden sind; sie öffnen sich erst lange nach dem Blattaustrieb. Die Knospen stehen nicht dicht beisammen wie bei den Eichen. Die Libanon-Eiche *(Q.libani)* und die Kastanien-Eiche *(Q.castaneifolia)* haben ähnliche Blätter wie die Edel-Kastanie.

Ulmengewächse Ulmaceae

Fünfzehn Gattungen werden der großen Ulmenfamilie zugeordnet, die in beiden Hemisphären vorkommt. Es sind Bäume und Sträucher, von denen nur *Ulmus* und *Zelkova* in Europa beheimatet sind. Charakteristische Merkmale: einfache, meist asymmetrische Blätter (schiefe Blattbasis), wechselständig, Oberseite meist rauhaarig. Die Blüten, mit sehr vielen Staubblättern, sind meist zwittrig und erscheinen vor Blattaustrieb. Im Fruchtknoten befindet sich nur eine Samenanlage. Die Ulmenfrüchte sind gewöhnlich geflügelt; *Zelkova* hat kleine Nüßchen.

Die Ulmen-Krankheit

Allein in Großbritannien sind durch diese Krankheit über 17 Millionen Bäume abgestorben. Vorher gehörte *Ulmus procera,* die Englische Ulme, zum Charakteristikum der englischen Landschaft. Zuerst versuchte man der Krankheit durch Fällen der kranken Bäume Einhalt zu gebieten, aber vergeblich. Man nimmt an, daß der Krankheitserreger aus Ostasien eingeschleppt worden ist.

Die Krankheit wird durch einen Schlauchpilz verursacht, der von Ulmen-Borkenkäfern übertragen wird. Unmittelbar unter der Borke breitet sich der Pilz in der jüngsten Holzschicht aus, wo sich alle Leitgefäße befinden; dadurch werden diese blokkiert, und weder Zweige noch Blätter können mit lebenswichtiger Nahrung versorgt werden. Der Baum stirbt ab. Verdorrte Zweige und gelbe Blätter sind die Folge. Die Brut der Borkenkäfer schält Rindenstücke junger Zweige ab. In den Wunden keimen sofort die Pilzsporen. Aber die Käfer hausen nicht nur unterhalb der Borke, sondern sie leben auch in den Wurzeln, den Ablegern, ja sogar in alten Baumstümpfen. Unsere Abbildung rechts zeigt Gänge und Kanäle, wie sie von den sich durchfressenden Larven angelegt werden.

Ein mikroskopisch kleiner Pilz, *Ceratocystis ulmi,* ruft die Ulmenkrankheit hervor; er wird durch zwei Ulmen-Borkenkäfer übertragen, *Scolytus scolytus* und den kleineren *Scolytus multistriatus,* der rechts $8^1/_2 \times$ vergrößert abgebildet ist.

Aufforstung von Ulmen

Einige Bäume zeigten sich sehr widerstandsfähig gegen diesen Pilzbefall, so daß die Zukunft der Ulmen dennoch nicht ganz düster erscheint. Aus diesen gesunden Bäumen hat man neue gezüchtet, und deshalb besteht Hoffnung, immune Bäume zu erhalten. Vor kurzem wurden die ersten Zuchtexemplare angepflanzt. Aber es wird noch Jahre dauern, bis man weiß, ob der Versuch gelingt. Eine Hybride, die Sapporo-Ulme *(Ulmus pumila × Ulmus japonica),* wird nun recht häufig angepflanzt; auch andere Kultivare wurden freigegeben: ‚Jacan', ‚Thomson' und ‚Mitsui Centennial'. Man vermutet, daß asiatische Arten immun gegen den Befall sind, so z.B. *Ulmus parvifolia,* und will deshalb asiatische Arten importieren.

Englische Ulme

ULMUS PROCERA

40 m. Krone schmal, m. Etagen

Krone oben a. breitesten

Äste massiv, kräftig, aufsteigend

Krone von allen Ulmen am dichtesten belaubt

Stamm gerade, bis in die Krone

Stamm massiv, rauh, **Rinde** fein rissig, eckige Felder, d'braun

Triebe schlank, gezickzackt. **Knospen** 3 mm, etwas behaart

Trieb behaart

Blätter stumpfspitzig, **Nerven** 10–12 Paare

Trieb dicht behaart

Blüten zwittrig, blühen vor B'austrieb Feb. – März

Blätter bis 10 cm, dick, eirund, B'grund schief. **B'stiel** 5 mm, behaart

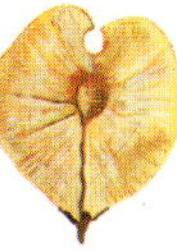

Frucht 1,2 cm. **Samen** nicht in der Mitte

Spitz doppelt gezähnt

Blätter oben rauh, unten dicht behaart, bis Nov. grün bleibend

Noch bis vor kurzer Zeit war diese Art der häufigste Baum in England. Er war im 18. Jh. intensiv angepflanzt worden. Wo die ursprüngliche Heimat von *U.procera* liegt, ist bis heute ein Rätsel. Vielleicht wurde der Baum früh eingeführt, vielleicht ist er eine natürliche Hybride, die nur sehr selten fertile Samen ausbildet. Die Englische Ulme vermehrt sich hauptsächlich durch Ableger. Die Flatter-Ulme *(U.laevis)* hat sehr lange Blüten- und Fruchtstiele.

Berg-Ulme

ULMUS GLABRA

Obschon diese Art an exponierten Stellen oft als Strauch auftritt, ist die Berg-Ulme ein majestätischer Baum, mit einer besonders eindrucksvollen Kronenkuppel. Der botanische Name «glabra» (= kahl) kommt von der glatten Rinde des jungen Stamms und nicht von den Blättern, deren Oberfläche sehr rauh ist. Die Samen sind meist keimfähig, Ausläufer sind selten. Die Früchte, die vor dem Laub ausgebildet werden, sind so zahlreich, daß der Baum wie belaubt wirkt. Die Berg-Ulme ist die einzige Ulmenart, die zweifelsfrei in Mitteleuropa beheimatet ist.

Einige Kultivare der Berg-Ulme

,Camperdown' Lauben-Ulme *(links u. unten)*: 20 m. **Krone** halbkugelig

Lauben-Ulme: **Laub** dicht. **Blätter** breit (20 cm). **Zweige** hängend, gedreht

Äste der Lauben-Ulme auf Berg-Ulmenstamm gepfropft

,Pendula' Hänge-Ulme: 12 m, oft waagrecht ausgebreitete Äste

,Lutescens': Blätter groß bis 20 cm

,Lutescens': Blätter i. Sommer h'grün

Diese dichtbelaubten, eher kleinen Kultivare sind ideale Gartenbäume. Die Lauben-Ulme wird häufiger angepflanzt, die Krone ist ebenmäßiger als bei der Hänge-Ulme, deren Verzweigung oft einem Fischgrätenmuster ähnlich sehen. ,Lutescens' wird bis zu 12 m hoch.

Sibirische Ulme

ULMUS PUMILA

Blätter bis 7 cm. **B'basis** rund od. etw. schief

Knospen sehr klein 2 mm

Zähne klein, unregelmäßig, abgerundet

Nervatur vertieft, 10–12 Paare. **B'stiel** lang, 5 mm

B'spreite oft spitz zulaufend

Diese beinahe immergrüne Art scheint gegen die Ulmen-Krankheit immun zu sein. Die Sibirische Ulme wächst ziemlich schnell zu einem kleinen, schön belaubten Baum mit einer mehr oder weniger flachen Krone heran. Die Chinesische Ulme hat kleinere, noch grünere Blätter, behaarte Triebe und blüht erst im September.

Feld-Ulme

ULMUS CARPINIFOLIA

30 m. **Krone** veränderlich gewölbt. **Äste** bogig aufsteigend. **Zweige** lang, hängend. **Rinde** rissig. **Knospen** d'rot, 5 mm

Cornwall-Ulme: **35 m.** V'förmige **Krone. Gipfel** fächerig. **Belaubung** dicht, aufrecht a. Triebspitze

Wheatley-Ulme: 35 m. Krone schön kegelf. **Zweige** in einem Winkel von 45° aufsteigend. **Blätter** *(oben)* länger, runder als Cornwall-Ulme

Diese fast überall in Europa vorkommende Art war ein beliebter Heckenbaum, der die Felder und Äcker begrenzte. Man nimmt an, daß er im 1. Jh. v.Chr. eingeführt wurde, wonach er sich stark verbreitet hat. Als Straßen- und Alleebaum sieht man am häufigsten die Wheatley-Ulme *(U.c.* var. *sarniensis),* oder die Cornwall-Ulme *(U.c.* var. *cornubiensis),* die «wild» im südwestlichen England und südlichen Irland vorkommt. Die Blätter der letzteren sind kahnförmig und kleiner als die der Wheatley-Ulme.

Holländische Ulme

ULMUS × HOLLANDICA ,HOLLANDICA'

U. × *hollandica* umfaßt alle natürlichen Hybriden zwischen *U.glabra* (S. 108) und *U.carpinifolia. U.*× *hollandica* kommt häufig in den Niederlanden vor. Diese Ulme bildet sehr kräftige Wurzelausläufer und oft Wasserschosse.

Huntingdon-Ulme

ULMUS HOLLANDICA ,VEGETA'

Dieser mächtige Baum wurde 1760 erstmals in England vermehrt. Bestimmungsmerkmale: Blattgrund sehr schief, große, doppeltgezähnte Blätter mit braunen Achselbärten. Ziemlich resistent gegen die Ulmenkrankheit.

Kaukasus-Zelkove

ZELKOVA CARPINIFOLIA

Von allen *Zelkova*-Arten wird die widerstandsfähige Kaukasische Zelkove bei uns am häufigsten angepflanzt. Sie hat kleinere Zähne mit rundlicheren Blättern als der Keakibaum, mit dem sie manchmal verwechselt wird, und eine typische Wuchsform. Die Kretische Zelkove *(Z.abelicea)* ist viel kleiner, eher ein Strauch. Die Blätter sind beinahe sitzend, die Früchte flaumig behaart.

Keakibaum

ZELKOVA SERRATA

In Japan wird der Keakibaum als Holzlieferant hochgeschätzt, ist aber viel weniger imposant als die Kaukasische Zelkove. Er unterscheidet sich von dieser durch die lang zugespitzten Blattzähne, die längeren Stiele und durch die Herbstlaubfärbung, die von Gelb über Rosa bis zu Bronze variiert. Die sehr feinen Zickzacktriebe tragen winzige, 1 mm große Knospen.

Maulbeergewächse Moraceae

Alle Arten der Maulbeerfamilie führen einen milchigen Saft, unterscheiden sich aber in der Fruchtbildung. Bei der Gattung *Morus* entwickeln sich aus den Kelchblättern, zusammen mit den Fruchtknoten, kleine Steinfrüchte, die sich zu einer Kugel formen. Hingegen wird bei *Broussonetia* der Stiel des Fruchtknotens fleischig.

Schwarze Maulbeere

MORUS NIGRA

Knospen 6 mm glänzend, rot od. braunrot

Trieb dick, behaart, mit großen Lentizellen

10 m. Krone niedrig, gewölbt. **Zweige** gedreht. **Stamm** kurz, oft sich neigend. **Rinde** streifig, rissig, orangebraun, warzig

Frucht 1,5 cm, von Grün zu Rot reifend, dann, im Spätsommer, purpur-schwarz

Blätter 15 cm, rauh, glänzend u. oben behaart, unten heller, flaumig. **B'stiel** 2 cm, dick, behaart

B'grund tief herzförmig, mitunter dreilappig

Blätter oft eingerollt

Man vermutet, daß die Schwarze Maulbeere aus China stammt, aber wegen der Früchte, die süß-sauer sind und wie Himbeeren aussehen, schon sehr früh in Europa kultiviert wurde. Vermehrt wird die Maulbeere durch Stecklinge. *Broussonetia papyrifera,* der aus China stammende Papiermaulbeerbaum, hat maulbeerähnliche Blätter, die aber stark flaumige Unterseiten haben; die Kätzchen und Früchte hängen in kugeligen Köpfchen an den Trieben. Aus der Rinde verfertigt man Papier und Tuch.

Weiße Maulbeere

MORUS ALBA

Auch die Weiße Maulbeere stammt ursprünglich aus China und kann bis zu 16 m hoch werden. Die Seidenraupen ernähren sich von den Blättern dieses Baumes; deshalb wurde er früher in Südeuropa, China und Japan kultiviert. Die Frucht ist auch eßbar, schmeckt aber süßlich und fade. Sie ist zuerst grün, in der Reife verfärbt sie sich von Weiß zu Rosa oder Dunkelviolett.

Feigenbaum

FICUS CARICA

Der Feigenbaum kommt wildwachsend in Südeuropa vor und wächst zu einem breitausladenden, bis zu 8 m hohen Baum heran. Die Frucht, nahe der Triebspitze, wird von einer kleinen Wespenart befruchtet, die ihre Larven in die junge Frucht legt. Eine besondere Zuchtform wird bei uns in Gärten angepflanzt.

Katsura-Gewächse Cercidiphyllaceae

Katsurabaum

CERCIDIPHYLLUM JAPONICUM

Blätter 8 cm, herzförmig, kahl, blaugrün. **B'spitze** veränderlich

Blätter an Kurztrieben m. fächerf. B'nerven, an Langtrieben gefiedert zu 5–7 Teilb.

Zähne seicht gekerbt

B'stiel 4 cm, rot

25 m. Krone säulenförmig, oft mehrstämmig. **Zweige** dünn. **Rinde** rissig

Trieb kahl, etw. glänzend, unterhalb Knospen sich verdickend. **Knospen** 1 mm

Kurztriebe gestaucht, langsam wachsend

Beheimatet in Zentralchina und Japan, fällt der Katsurabaum im Herbst durch das leuchtende Gelb der Belaubung auf, im Frühjahr aber durch die rosa austreibenden Blätter, die bald ein sehr frisches Grün annehmen. Weil die Katsura-Blätter ähnlich aussehen wie jene des Judas-Baumes *(Cercidiphyllum,* d.h. Blatt von *Cercis,* S. 145), hat diese kleine Familie diesen Namen erhalten; daneben ist nur noch eine Art bekannt: *C.magnificum,* der in Japan vorkommt und größere Blätter sowie zweiflügelige Samen hat.

Magnoliengewächse Magnoliaceae

Magnolie

MAGNOLIA × SOULANGEANA

Dieser Zierbaum, zuerst in Frankreich gezüchtet, ist eine Hybride aus zwei natürlichen Arten, *M.denudata* und *M.lilliflora,* die in China vorkommen. Aus der letzteren hat man ein Kultivar gezüchtet, ‚Nigra', das dichtbuschig wächst und oft noch einmal im Spätsommer blüht.

Campbells Magnolie

MAGNOLIA CAMPBELLI

Campbells Magnolie, aus dem Himalajagebiet stammend, kommt bei uns auch in Gärten nur sehr selten vor, ebenso seine nächsten Verwandten, *M.sprengeri* und *M.sargentiana,* die keilförmige Blätter haben.

Immergrüne Magnolie

MAGNOLIA GRANDIFLORA

Diese kleine immergrüne Magnolie aus dem südlichen Nordamerika gedeiht mit entsprechendem Winterschutz auch in unseren gemäßigten Zonen. Die aus China stammende Delavays Magnolie *(M.delavayi)* ist ebenfalls immergrün, hat aber größere, breitere Blätter, die matt und seegrün sind.

Kobushi-Magnolie

MAGNOLIA KOBUS

Ein kleiner Baum, der nur 12 cm hoch wird, mit schmalen welligen Blattknospen und grauflaumigen Blütenknospen; zerrieben strömen sie einen angenehmen Duft aus. *M.kobus* var. *borealis* ist widerstandsfähiger und hat zugespitzte Blätter. Jene der Weidenblättrigen Magnolie *(M.salicifolia)* sind lanzettlich, die Krone ist elegant und schmal gewölbt.

Gurken-Magnolie

MAGNOLIA ACUMINATA

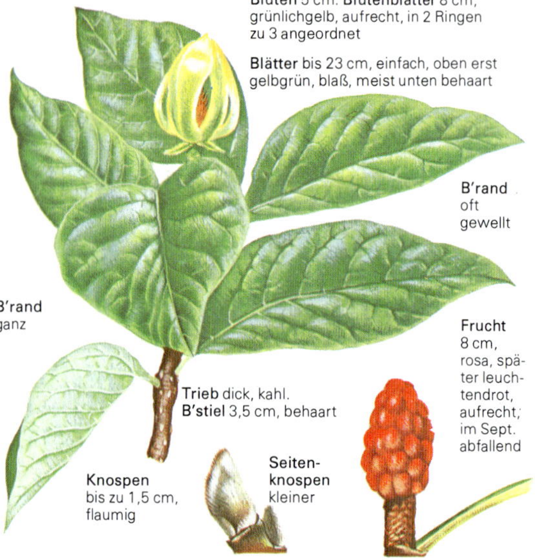

Aus dem Südwesten Nordamerikas stammend, hat diese Magnolie ihren Namen nach den gurkenförmigen Früchten erhalten. Dieser stattliche Baum kann bis zu 25 m hoch werden. *M.wilsonii* aus China bleibt viel kleiner, hat hängende, reinweiße Blüten.

Virginia-Magnolie

MAGNOLIA VIRGINIANA

Die Virginia-Magnolie kommt wildwachsend im Südosten Nordamerikas vor und besiedelt Sümpfe und Flußufer. Ende des 17. Jahrhunderts wurde sie erstmals in Europa angepflanzt. Die kleinen Blüten verbleiben manchmal bis in den Dezember an den Bäumen.

Tulpenbaum

LIRIODENDRON TULIPIFERA

Knospen 1 cm, flach, eirund mit 2 d'roten Knospen, gestielt. **Triebe** glänzend. **Blattnarben** stark hervortretend

Blätter 15 cm, meist 4lappig, kahl, glänzend, unten blaugrün

B'stiel 10 cm, mit 2 auffälligen Nebenblättern

35 m. Krone dicht, im Alter breiter, lockerer. **Zweige** regelmäßig.

Natürliches Vorkommen im Osten der USA. Man erkennt diesen Baum an der charakteristischen Blattform. Die gelbgrünen, tulpenförmigen Blüten erscheinen im Juni, gefolgt von aufrechten, spindelförmigen Früchten. Der Chinesische Tulpenbaum *(L.chinense)* hat dünnere, tief gelappte Blätter, die unterseits mit kleinen Wärzchen besetzt sind.

Proteagewächse Proteaceae

Chilenischer Feuerbusch

EMROTHRIUM COCCINEUM

Blüten 5 cm, röhrig, mit 4 linealischen, zurückgeschlagenen Bl'rändern, die Staubblätter freigebend. **Bl'stand** 10 cm

Frucht bis 5 cm, verholzt, auf langem, rotem Stiel

Blätter 15 cm, einfach, lederig, oben glänzend, unten blaugrün, variable Form

15 m. Krone schlank, oft mehrstämmig. **Rinde** glatt

Der Chilenische Feuerbusch ist in Chile und Argentinien beheimatet. Wegen seiner weithin leuchtenden Blüten, die sich im Frühsommer öffnen und mit dem dunkelgrünen Laub wetteifern, wird er auch in Mitteleuropa in Gärten angepflanzt. Obschon ein kräftiger Baum, wird er dennoch nicht alt.

Zaubernußgewächse Hamamelidaceae

Amberbaum

LIQUIDAMBAR STYRACIFLUA

Vom Osten der USA breitet sich der Amberbaum bis in den Süden von Guatemala aus. Die 3 Arten haben kugelige Blütenköpfchen und stachlige, hängende Früchte wie die Platane. Die Blätter sind ahornähnlich (S. 154–161), aber wechselständig.

Parrotie

PARROTIA PERSICA

Die Parrotie, ein häufiger Gartenbaum, kommt wild in den Wäldern um das Kaspische Meer vor. Mit ihren Farbschattierungen von Gold bis Rosa und mit der platanenähnlichen Rinde ist sie im Herbst besonders auffällig.

Rosengewächse Rosaceae

Die große Rosenfamilie vereinigt Bäume, Sträucher und Kräuter, die alle wechselständige Blätter aufweisen. Ein wesentliches Familienmerkmal sind die am Blütenbecherrand angewachsenen Kelch-, Kron- und Staubblätter. Sie haben einen Fruchtknoten mit einem oder mehreren Fruchtblättern, der ober- oder unterständig sein kann, also entweder oberhalb der Kron- und Staubblätter oder darunter. Viele Unterfamilien unterscheiden sich durch die Fruchtbildung.

Rosa und *Spiraea* sind Sträucher. Die *Prunoideae,* die Zwetschgenartigen, bilden eine sogenannte Steinfrucht aus, die eine fleischige Außenhülle haben mit einem harten, «steinigen» Samen. *Prunus* ist die einzige Gattung, die Bäume entwickelt; man unterteilt sie nach der Anordnung der Blütenorgane.

Die Unterfamilie der *Pomoidae* bildet apfelartige Früchte aus, die 2–5 meist mehrsamige Fruchtblätter mit einer fleischigen Außenhülle haben; sie umfaßt mehrere Gattungen.

Kupfer-Felsenbirne

AMELANCHIER LAMARCKII

Die Kupfer-Felsenbirne ist ein kleiner Baum oder Strauch, der hin und wieder verwildert auf sandigem Boden in Europa vorkommt. Ursprünglich stammt sie aus Nordamerika. Die süßen schwarzen Früchtchen sind eßbar; im Juli sind sie reif.

Eingriffliger Weißdorn

CRATAEGUS MONOGYNA

Der Vulgärname des Weißdorns, «Hagedorn», verrät, daß dieses Rosengewächs oft als Heckenstrauch verwendet wird. ‚Pendula Rosea' ist ein rosa blühendes Kultivar. Der Zweigriffige Weißdorn *(C.oxyacantha)* ist weniger dornig und hat nur seicht gelappte Blätter, zweisamige Früchtchen, und seine Blattnerven sind spitz zulaufend.

Hahnensporn-Weißdorn

CRATAEGUS CRUS-GALLI

Der Hahnensporn-Weißdorn (ursprünglich in Nordamerika) ist ein niedriger (bis zu 7 m hoher), gewölbter Baum. Der breitblättrige oder pflaumenblättrige Weißdorn *(C.× prunifolia)* hat größere Blätter, dunkle rotbraune Triebe und im Herbst abfallende Früchte, Lavalls Weißdorn *(C. × lavallei)* glänzende schwärzlichgrüne, unterseits flaumige Blätter und behaarte Triebe mit wenigen Dornen.

Mispel

MESPILUS GERMANICA

Dieser niedrige Baum, dem Weißdorn nahe verwandt, stammt aus Südosteuropa, wird aber schon seit uralten Zeiten angepflanzt, da seine ziemlich großen Äpfelchen nach dem ersten Frost schmackhaft sind. Ein Blattquirl umgibt die sitzenden Einzelblüten.

Baum-Zwergmispel

COTONEASTER FRIGIDUS

Gut erkennbar an der blassen Rinde und dem oft krummen Stamm; dieser aus dem Himalajagebiet stammende Baum wird größer als alle anderen Zwergmispelarten. Einige Blätter überwintern. Waterers Cotoneaster *(C.× watereri* hat schmalere, glänzende Blätter mit vertieften Nerven. Einige Gartenformen haben hellgelbe Früchte.

Ebereschen und Mehlbeeren Sorbus

Diese Gattung hat dichte Blütenstände, die rote, weiße, rosa oder rostrote fleischige Früchte entwickeln. Die Blätter der Ebereschen sind gefiedert, jene der Mehlbeeren einfach. Es gibt Hybriden, so z.B. *S.* × *thuringiaca* (S. 129), die beide Blattformen aufweisen.

Gemeine Eberesche

SORBUS AUCUPARIA

Dieser kleine Baum mit dichtem Astwerk liebt sonnige Plätze und kommt in ganz Europa, Westasien und Nordafrika vor; er wächst in lichten Laubwäldern. Sein Name Eberesche zeigt seine scheinbare Ähnlichkeit mit der Hohen Esche. Die Eberesche oder der Vogelbeerbaum steigt bis zu 2000 m hinauf. Man sieht diese Art oft als Straßenbaum angepflanzt, besonders 'Asplenifolia', 'Beissneri' und 'Xanthocarpa'.

‚Embley' Eberesche

SORBUS ‚EMBLEY'

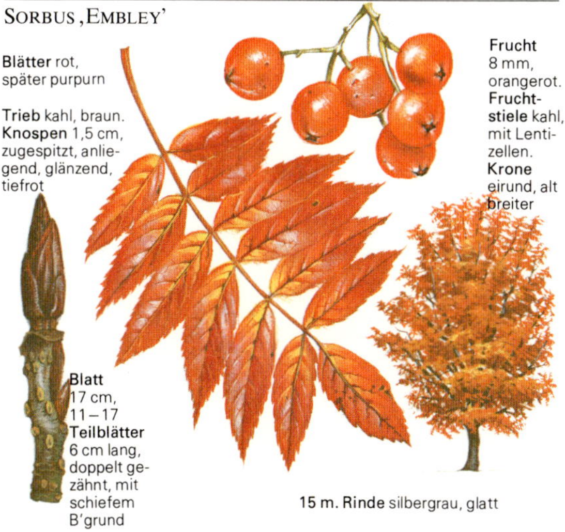

Es ist nicht gesichert, ob dieser oft gepflanzte Straßenbaum wirklich aus China stammt; man kennt ihn auch unter dem Namen *S.discolor,* der aber viel seltener ist und weiße Früchte trägt. Sargents Eberesche, ebenfalls aus China stammend, hat sehr kräftige Triebe und 35 cm lange Blätter mit vertieften Nerven.

Vilmorins Eberesche

SORBUS VILMORINII

Vilmorins Eberesche wird etwa 8 m hoch und ist gut erkennbar an den farnartigen Fiederblättern und den ungewöhnlichen Farbschattierungen beim Reifen der Früchte. Wie die Eberesche ‚Josef Rock' stammt auch sie aus China, aber erstere wird höher und hat amberfarbige Früchte. Die Blätter sind etwas länger, aber weniger dicht.

Hupeh-Eberesche

SORBUS HUPEHENSIS

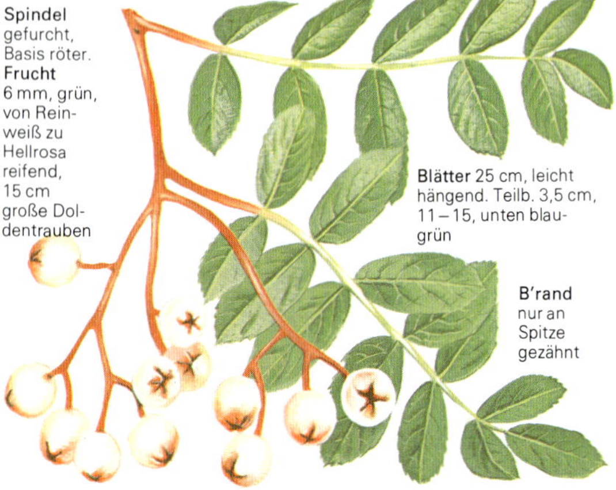

Der Habitus dieses kleinen aus China stammenden Baums ist mehr oder weniger locker; bemerkenswert sind die weißen Äpfelchen, die oft überwintern. Die Kaschmir-Eberesche *(S.cashmiriana)* ist größer und an den rosa Blüten und den Teilblättchen, die durchweg gezähnt sind, erkennbar.

Speierling

SORBUS DOMESTICA

Der Speierling ist die größte unter den *Sorbus*-Arten und wächst im Mittelmeerraum; hin und wieder wird er mit der Vogelbeere verwechselt. Die apfelartigen Früchtchen sind größer als jene der Vogelbeere, die Blüten auffälliger, und die Krone ist ausladender. Die abschuppende Rinde ist ebenfalls ein gutes Merkmal.

Mehlbeerbaum

SORBUS ARIA

S.aria kommt wildwachsend in ganz Europa vor und bevorzugt kalkhaltige Bodenunterlage. Man begegnet dem Mehlbeerbaum in lichten Wäldern, oft auch am Waldrand. Die wie mit «Mehl» bedeckten Knospen und Blattunterseiten haben ihm den Namen gegeben. Zwei Kultivare werden oft angepflanzt: ‚Lutescens', mit silbrigweißen Austrieben, und ‚Decaisneana', mit schmalen Blättern, die bis zu 15 cm lang werden.

Himalaja-Mehlbeere

SORBUS CUSPIDATA

Diese kräftige, anpassungsfähige Art hat eine breite, aufrechte Krone, die bis zu 20 m hoch wird. Sie ist bemerkenswert wegen der großen Blätter, deren Unterseite auch dann silbrigweiß bleibt, wenn sich die Oberseite im Herbst rostbraun verfärbt hat. ‚*Mitchellii*', ein Kultivar, hat noch größere Blätter.

Elsbeerbaum

SORBUS TORMINALIS

Kommt in ganz Europa vor, ist aber recht selten. Der Elsbeerbaum kann bis zu 20 m hoch werden, meist ist er aber kleiner. Die ahornartigen Blätter sind einmalig innerhalb der *Sorbus*-Gattung.

Fontainebleau-Eberesche

SORBUS LATIFOLIA

Diese Hybride aus Elsbeer- und Mehlbeerbaum gehört zu jenen, die sich apomyktisch vermehren, d.h. der Same bildet sich ohne Kreuzbestäubung. Zu ihr gehört auch *S.bristolensis*, die aber schmalere, keilförmige Blätter hat, und *S.anglica* mit seicht gelappten Blättern.

Schwedische Eberesche

SORBUS INTERMEDIA

Knospen grünlich od. rotbraun, behaart, 8 mm. **Blätter** 12 cm, oben d'grün, unten grauwollig

Rinde grau od. rotgrau, glatt, rissig

Frucht 1,5 cm, eirund, glänzendgrün, dann scharlachrot, zu 20 in Büscheln

Blätter elliptisch, Lappen unregelmäßig gesägt, bis 1/3 eingeschnitten

Auf dem Balkan beheimatet, ist die Schwedische Eberesche aus der Vogelbeere und der Mehlbeere entstanden. Die Arran-Mehlbeere *(S.arranensis)* kommt ausschließlich in zwei Tälern der schottischen Insel Arran vor und ist durch noch tiefer gelappte Blätter gekennzeichnet. Beide sind beliebte Straßenbäume.

Thüringische Mehlbeere

SORBUS × THURINGIACA ‚FASTIGIATA'

Trieb grauviolett, bald kahl. **Knospen** 8 mm, d'rotbraun, eif. oder konisch, wenig Schuppen. **B'stiel** rot

Blätter 11 cm, länglich-oval, meist mit 1–2 (selten 4) freien Teilb., unten grauwollig behaart, Basis keilförmig

Lappen gegen B'spitze kleiner werdend

15 m. Krone eiförmig, dicht aufsteigendes Astwerk. **Rinde** glatt, mattgrau, später seicht rissig

Teilblätter an Spitze gezähnt

S.thuringiaca ist eine Kreuzung aus Eberesche und Mehlbeere, was an dem nur halbgefiederten Blatt erkennbar ist. Die (wie bei der Mehlbeere) scharlachrote Frucht hängt an schlaffen Fruchtständen. Sie kommt ebenso häufig als Straßenbaum vor wie ‚Fastigiata'. Entdeckt wurde sie in Thüringen.

Holz-Apfel

MALUS SILVESTRIS

Natürliches Vorkommen in Mitteleuropa und Westasien. Der Holz-Apfel hat weiße, rötlich angehauchte Blüten; obschon die Früchte hart und sauer sind, eignen sie sich ausgezeichnet zur Gelee-Herstellung. Der Holz-Apfel ist der wildwachsende Vorläufer unserer Kultur-Äpfel, die rötlichere Blüten haben und deren Früchte süßer, weicher und größer sind.

Beeren-Apfel, «Kirsch-Apfel»

MALUS BACCATA

Natürliches Vorkommen des Beeren-Apfels in Nordchina, Sibirien bis zum Himalaja. Die Früchte überwintern am Baum. Die zugespitzten Knospen sind ebenfalls ein gutes Merkmal. Die Varietät *mandshurica* hat breitere Blätter mit behaarten Stielen.

Purpur-Apfel

MALUS × PURPUREA

Blüten 4 cm groß, im Mai zu 6 oder 7. Kronblätter oval. Knospe dunkler rot

Frucht klein 2 cm

Die 8 cm langen purpurnen Blätter treiben im Mai aus, werden bald grün und glänzender, nur die Blattnerven unterseits behalten die rote Farbe. Dieser Baum ist lockerästig und wird etwa 6 m hoch; die Kultivare sind größer und kräftiger, so ‚Aldenhamensis', ‚Eleyi', ‚Lemoinei' und ‚Profusion'.

Japanischer Apfel

MALUS FLORIBUNDA

Grob **gezähnt**

10 m. Krone dicht. **Blätter** bis 8 cm, unten heller und behaart, manchmal gelappt, an kräftigen Trieben

Blüten 4 cm, Knospe rot, verblassend, weißlich, in Dolden zu 4–7

Frucht 2 cm, erst gelb, dann rot

Blüht im Mai

Trieb behaart, meist verkahlend

Der Japanische Apfel wirkt sehr reizvoll mit seinen roten Knospen und weißen Blüten. Der Chinesische Apfel *(M.spectabilis)* hat größere, glänzendere Blätter, die Blüten sind halb gefüllt, rosa und weit offen. Die Früchte beider Arten sind an den Enden nicht vertieft.

Tee-Apfel

MALUS HUPEHENSIS

Der Tee-Apfel hat glänzende purpurne Triebe, die etwas behaart sind, Kurztriebe sind dornig. Aus den Blättern bereitet man den «Rottee». Blühend ist der Baum sehr hübsch, dazu kräftig; er wird bis 15 m hoch. Der Sikkim-Apfel *(M.sikkimensis)* hat wollig behaarte Blätter, und die Dornen der Kurztriebe sind zahlreicher.

Woll-Apfel

MALUS TSCHONOSKII

Dieser aus Japan stammende Baum wird oft angepflanzt, weil er widerstandsfähig ist und kräftig und aufrecht wächst. Die Herbstfärbung ist leuchtendrot. Der Yunnan-Apfel *(M.yunnanensis)* hat gelbgrüne Blätter und weißgefleckte gelbe oder rote Früchte, die höchstens 1–2 cm groß sind.

Holz-Birne

PYRUS COMMUNIS

Die Holz-Birne kommt ursprünglich aus Mitteleuropa; meistens sind die Exemplare, die man hin und wieder an Waldrändern und Hecken sieht, Kreuzungen aus Kultursorten und der Wildbirne. Die Krone ist erst konisch, später wird sie breit und gewölbt. Die Chinesische Birne *(P.calleryana)* hat ledrige Blätter, die Mittelrippe ist unten behaart.

Weidenblättrige Birne

PYRUS SALICIFOLIA

Ursprünglich aus dem Kaukasus stammend, wird dieser Baum meist in Parks angepflanzt, besonders die Sorte ‚Pendula', die die typisch «trauernden» Zweige hat. Die Schnee-Birne *(P.nivalis)* kommt aus Südeuropa, hat breitere, weniger glänzende Blätter und rundlichere Früchte. Sie wird 20 m hoch.

Pflaumen und Kirschen Prunus

Zu dieser Gattung gehören auch Schwarzdorn, Pfirsich, Aprikose und Mandel, die alle einsamige Früchte mit meist fleischiger Hülle haben. Die meisten Arten haben zwischen Blattgrund und Blattstielende 2–4 «Honig»drüsen; diejenigen Arten, die keine haben, unterscheiden sich durch besonders grüne Triebe, die zwei und mehr Jahre unverändert bleiben.

Vogel-Kirsche

PRUNUS AVIUM

Diese Wild-Kirsche, die man auch Süß-Kirsche nennt, stammt aus Europa und dem westlichen Asien. Im Frühjahr überrascht sie durch die weiße Blütenpracht mit den rötlich angehauchten Blättern, die im Herbst von Rot zu Gelb wechseln. Beinahe alle Kulturformen stammen von dieser Art ab. ‚Plena' ist eine Zierform, die keine Früchte ansetzt, aber sie blüht bis zu drei Wochen lang. Die Sauer-Kirsche *(P.cerasus)* wächst strauchiger, macht Ableger, hat kahle Blätter und saure, herbe Früchte.

Sargents-Kirsche

PRUNUS SARGENTII

Im Herbst fällt diese japanische Art durch die leuchtendrote Belaubung auf. Wildwachsend wird dieser Baum bis zu 25 m hoch. Kultiviert wird er meistens auf einen Wurzelstock der Vogel-Kirsche gepfropft und ist viel kleiner.

Winterblühende Berg-Kirsche

PRUNUS SUBHIRTELLA ,AUTUMNALIS'

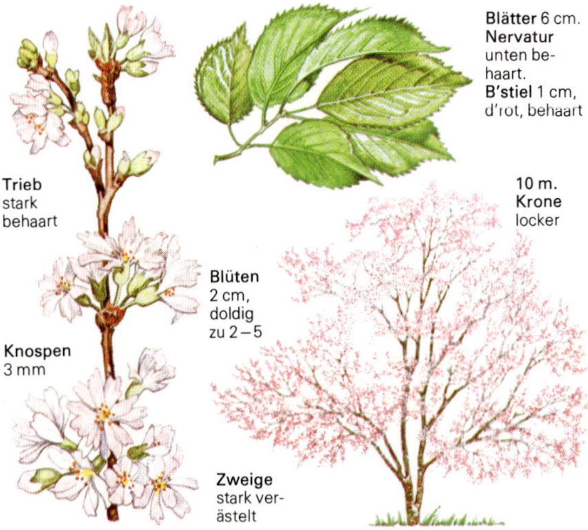

Dieser «Dauerblüher» kann als einziger in periodischen Abständen vom Herbst durch den Winter bis zum Frühjahr blühen und erfreut den Betrachter mit seinen halbgefüllten Blüten. Stammt von einer japanischen Art ab, die aber nur im April blüht.

Japanische Blüten-Kirsche

Diese Kulturformen unterscheiden sich durch Blüten und Habitus. Man kennt ungefähr vierzig, die alle auf einen Wurzelstock der Vogel-Kirsche gepfropft worden sind. Da sie verschiedene Eltern haben, werden sie gewöhnlich als unspezifische Kultivare von *Prunus* anstatt als Varietäten von *Prunus serrulata* klassifiziert; viele Kultivare sind aber von dieser Art entwickelt worden. Die Diskussion darüber ist noch im Gange.

'Amanogawa'
Blüten 5 cm groß, in Dolden von 3–6

Kron-blätter 6 mm

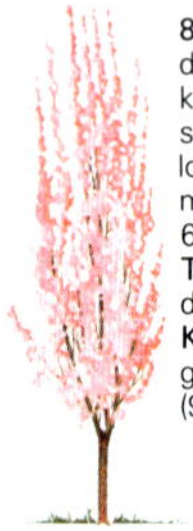

8 m. Krone dicht, konisch, später lockerer, meist nach 6 m.
Trieb dick, kahl.
Knospen groß (9 mm)

Blüten in dichten Bücheln, im Mai
Blattaustrieb, gelblichbraun

'Kanzan'

13 m. Krone meist ein «umgekehrter Kegel» *(links).* **Verzweigung** locker, aufsteigend, später ausladend *(unten)*

Blüten 5,5 cm, in Dolden zu 3–7.
Bl'stiele 3 cm. Kronb. 20–30, im April mit bronzefarbenen Blättern

'Shimidsu'

3 m. Krone niedrig, breit

Zweige oft hängend

Blüten 6 cm, Knospen rosa. **Stiel** 6 cm

Alle 'Sakura'-Formen haben große, bis zu 20 cm lange Blätter, die im Herbst rötlich oder goldgelb werden. Der Habitus von 'Amanogawa' ist charakteristisch, ebenso jener von 'Kanzan', da keine andere Gartenform im Alter eine so breit ausladende Krone hat. Die Blüten von 'Shimidsu' haben besonders lange Stiele.

‚Shirofugen'

‚Shirotae' (‚Mount Fuji')

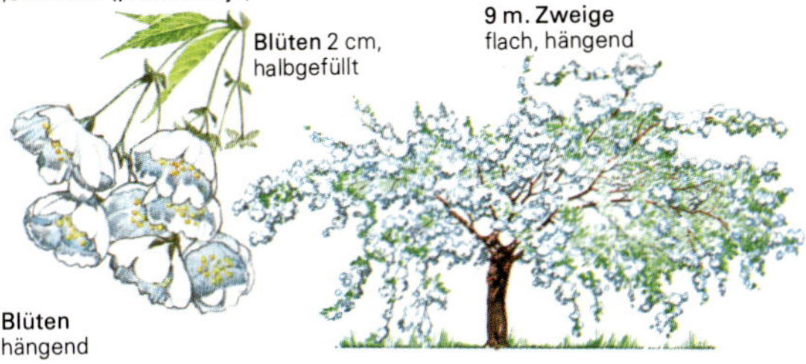

‚Tai-Haku'

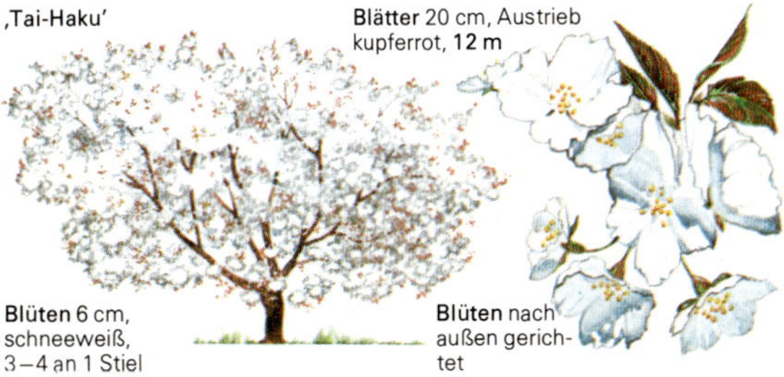

‚Ukon'

‚Shirofugen' blüht wie ‚Shimidsu' sehr spät, erst Mitte Mai, hat aber einen kräftigen, breiten Habitus, größere Blätter, und die Blütenknospen sind rötlich angehaucht. Die halbgefüllten Blüten von ‚Shirotae' öffnen sich einen Monat früher. ‚Ukon' ist nur eine von mehreren Japanischen Kirschen, deren Blüten gelblichgrün sind. ‚Tai-Haku' hat die weitaus größten Blüten aller *Prunus*-Arten und ist wahrscheinlich mit der Wildform am nächsten verwandt.

Japanische Kirschen

,Pandora'

Blüten zu 3 od. 4 auf sehr kurzen Stielen

8 m. Blüten 3 cm, einzeln, Anfang April. **Blattaustrieb** gelblich

Habitus aufrecht. **Krone** V-förmig

Rinde mit auffälligen Lentizellen

,Fuji'-Kirsche

10 m. Krone dicht

Blüten 2 cm, einzeln, sitzend, 2 –4 auf 2,5 cm langem Stiel, erscheinen vor Austrieb

Kelch rot

Hillieri ,Spire'

Blütezeit Mitte April, mit rötlichen Blättern

Blüten 3 cm, einzeln, Dolden zu 1–3

8 m. Krone dicht, unten schmal

,Umineko'

Blüht im April, mit frischgrünen Blättern

Staubblätter goldgelb. **Kelch** purpurn

10 m. Krone aufrecht, dicht. Blätter 9 cm, scharf gezähnt

Blüten einzeln, 3–4 cm groß

Jede dieser Kirschenformen hat freie Kronblätter und schwarze kleine Steinfrüchte. Die Fuji-Kirsche *(P.incisa)* wurde mit der Sargents-Kirsche gekreuzt, daraus entstand *P.× hillieri,* dessen ,Spire'-Form ideal als Straßenbaum ist; ,Umineko' entstand aus *P.incisa* und *P.speciosa.* ,Pandora' ist ein nichtspezifisches *Prunus*-Kultivar.

Tibet-Kirsche

PRUNUS SERRULA

Wegen ihrer auffällig schönen Rinde wurde sie zuerst in Gärten angepflanzt, aber die Tibet-Kirsche ist auch bemerkenswert wegen ihrer weidenartigen Blätter, die gezähnt sind. Keine andere wildwachsende Kirsche hat dieses Merkmal. *P.× schmittii* hat eine ähnliche Rinde, ist aber weniger spektakulär. Der Habitus ist aufrecht, die Blüten sind rosa.

Yoshino-Kirsche

PRUNUS × YEDOENSIS

Die Herkunft der Yoshino-Kirsche ist nicht geklärt, man nimmt aber an, daß sie eine Hybride aus *P.subhirtella* und *P.speciosa* ist. Die Frucht ist schwarz. Ungewöhnlich sind die flaumig behaarten Blätter, Blütenstiele und Triebe.

Trauben-Kirsche

PRUNUS PADUS

Die Trauben-Kirsche ist von Europa über Rußland bis Japan verbreitet. Die dichten Blütenstände sind das beste Merkmal. Die Rinde ist glatt und dunkel; früher wurde sie für medizinische Zwecke verwendet. Der Geschmack ist bitter. Die Triebe sind kahl, die Knospen zugespitzt konisch, 5 mm lang.

Spätblühende Trauben-Kirsche

PRUNUS SEROTINA

Diese Trauben-Kirschenart ist die größte der Gattung, sie kommt wild im Osten Nordamerikas vor. Die Blütentrauben sind aufrechter als bei *P.padus*, dazu noch größer; der Kelch überdauert an den Früchten. Verschieden sind auch die gezähnten, glänzenden Blätter und die kleineren Knospen. Das Laub bleibt bis in den Spätherbst am Baum und wird gelb.

Lorbeer-Kirsche, Kirsch-Lorbeer

PRUNUS LAUROCERASUS

Diese Art wurde aus Südosteuropa eingeführt und wird oft «Lorbeer» genannt, weil die Blätter jenen des Echten Lorbeers *(Laurus nobilis)* ähnlich sehen, dessen aromatische Blätter als Gewürz sehr beliebt sind. Diese haben aber immer einen runzeligen Blattrand, und die Triebenden sind oberseits rot.

Portugiesische Lorbeer-Kirsche

PRUNUS LUSITANICA

Eine immergrüne Art, kommt wild auf der Iberischen Halbinsel vor, meist als Strauch, der bis zu 8 m, manchmal als Baum, der bis zu 16 m hoch wird. Knospen und Triebe sind immergrün. Auf den Azoren wächst eine Form mit weniger Blüten und breiteren Blättern.

Kirsch-Pflaume

PRUNUS CERASIFERA, P.CERASIFERA ,PISSARDI'

Dieser attraktive Frühblüher kann sogar schon im Januar blühen oder erst im April. Die Blätter der Kirsch-Pflaume und der Purpur-Kirsch-Pflaume sind sehr ähnlich. Manchmal wird die Kirsch-Pflaume mit dem Schwarzdorn verwechselt, der aber vor dem Blattaustrieb blüht. Die Früchte sind eßbar, setzen aber nicht oft an.

Schwarzdorn, Schlehe

PRUNUS SPINOSA

Der Schwarz- oder Schlehdorn ist in Europa heimisch, meist als Strauch, selten als Baum. Die rahmweißen Blüten heben sich gegen die unbelaubten schwarzen Äste ab. Die kleinen blauschwarzen Steinfrüchte sind im Oktober reif und werden als Zusatz bei der Gin-Zubereitung verwendet.

Zwetschge

PRUNUS DOMESTICA

Die Zwetschge ist wahrscheinlich eine Hybride aus Kirsch-Pflaume und Schwarzdorn. Sie bildet gerne Ableger. Alle bekannten Sorten sind gezüchtet worden; man kann sie in Pflaumen und Zwetschgen einteilen. Die Pflaumenschlehe hat flaumige Triebe und rundliche Früchte.

Aprikose

PRUNUS ARMENIACA

Der Aprikosenbaum ist ein rundlicher Baum, wird bis zu 10 m hoch und ist wegen der wohlschmeckenden orangeroten Früchte sehr beliebt. Der lateinische Name ist irreführend. Die Aprikose ist nicht in Armenien, sondern in Nordchina beheimatet. Einige Kultivare haben größere Früchte.

Mandel

PRUNUS DULCIS

Die Mandel kommt wildwachsend im Mittelmeerraum vor, man erkennt sie an den dornigen Zweigen. Weil er so früh blüht, wurde vielfach versucht, diesen Baum in den Gärten anzupflanzen, obschon er nicht alt wird. Die Mandeln werden in der Süßwarenfabrikation viel verwendet.

Pfirsich

PRUNUS PERSICA

Der Pfirsichbaum wird nicht höher als 8 m. Er ist nicht nur wegen der schmackhaften Früchte beliebt, sondern auch wegen der hübschen rosa Blüten. Vor langer Zeit wurde er aus China eingeführt. Nektarinen unterscheiden sich nur durch kahle Früchte.

Schmetterlingsblütler, Hülsenfruchtgewächse Leguminosae

Diese zahlreiche Familie, die einige tausend verschiedene Arten zählt, darunter Bäume, Sträucher und Kräuter, zeichnet sich durch ein charakteristisches Merkmal aus: die hülsenartige Frucht. Die Samen sind nur an einer der beiden «Nähte» angewachsen. Die bekanntesten Arten gehören zur Unterfamilie der Lotoideae, jene Blüten, die an einen «Schmetterling» erinnern.

Die zweite Unterfamilie, die Caesalpinioideae, haben verschiedene Blütenformen, meist zwei Kronblätter, die die anderen Blütenteile knospenartig einhüllen. Die Mimosoideae haben winzige Blütchen, die meist in dichten kopfigen oder traubigen Büscheln auf den Zweigen sitzen. Jede Gattung dieser Familie hat paarig oder unpaarig gefiederte Blätter, außer *Cercis*, der Judasbaum.

Judasbaum

CERCIS SILIQUASTRUM

Der Judasbaum erhielt seinen Namen von Judäa, wo er wild vorkommt, und nicht weil sich Judas Ischariot an einem solchen Baum aufgehängt hätte. Als einzige Art der Schmetterlingsblütler hat er kreisförmige einfache Blätter, die diejenigen von Katsura (S. 115) ähnlich sind, jedoch paarige Knospen. *C.racemosa,* der Chinesische Judasbaum, bringt die größten Blütentrauben der Gattung hervor.

Robinie

ROBINIA PSEUDOACACIA

Die Robinie, fälschlicherweise «Akazie» genannt, stammt aus dem östlichen Nordamerika. Die Hülsenfrüchte sind zuerst grün, später dunkelrot, dann braun. Den Winter über verbleiben sie am Baum. ‚Frisia' hat goldgelbe Blätter.

Gleditschie («Christusdorn»)

GLEDITSIA TRIACANTHOS

Dieser Baum hat oft doppeltgefiederte Blätter an kräftigen Trieben und unterscheidet sich von der naheverwandten Robinie durch die bedornte Rinde, die grünlichen Blüten und größeren Hülsen. ‚Inermis' wird in Städten bevorzugt, da diese Form ohne Dornen ist. ‚Sunburst' ist dicht belaubt und verfärbt sich im Herbst goldgelb.

Schnurbaum

SOPHORA JAPONICA

25 m. Krone ausladend, unregelmäßig. **Rinde** mit langen, breiten Furchen. **Äste** stark verdreht

Trieb anfangs behaart

Blätter 25 cm, gefiedert, mit meist 15 Teilblättern, unten weißlich

Blüten 1,5 cm, aufrechte, flaumige, 25 cm lange Rispen, blühen Aug.–Sept.

Der Schnurbaum wurde zwar aus Japan nach Europa eingeführt, ursprünglich aber stammt er aus China und Korea. Er unterscheidet sich von der Robinie durch behaarte Fiederblättchen und ist nicht bedornt. Er blüht weiß, ähnlich wie die Erbse; die Hülsen werden bis zu 8 cm lang. Das Gelbholz *(Cladrastis lutea)* hat eiförmige Teilblättchen und eine glatte graue Rinde.

Silber-Akazie («Mimose»)

ACACIA DEALBATA

Teilb. 5×1 mm, fein behaart

Blätter 12 cm, doppelt gefiedert, 10–20 **Fiederb.**, jedes wiederum mit 30–50 linealischen Teilblättern

Blüten 3–5 mm im Ø, in Rispen von bis zu 30 kugeligen Büscheln, erscheinen im Jan.

Dieser australische Baum verträgt nur mediterranes Klima, obschon er auch in nördlicheren Gegenden an geschützten Stellen immer wieder angepflanzt wird. Er wird höchstens 15 m hoch. Die Persische Akazie *(Albizia julibrissin)* hat größere laubwerfende Blätter und rosa Blüten.

Voss' Goldregen

LABURNUM × WATERERI 'VOSSII'

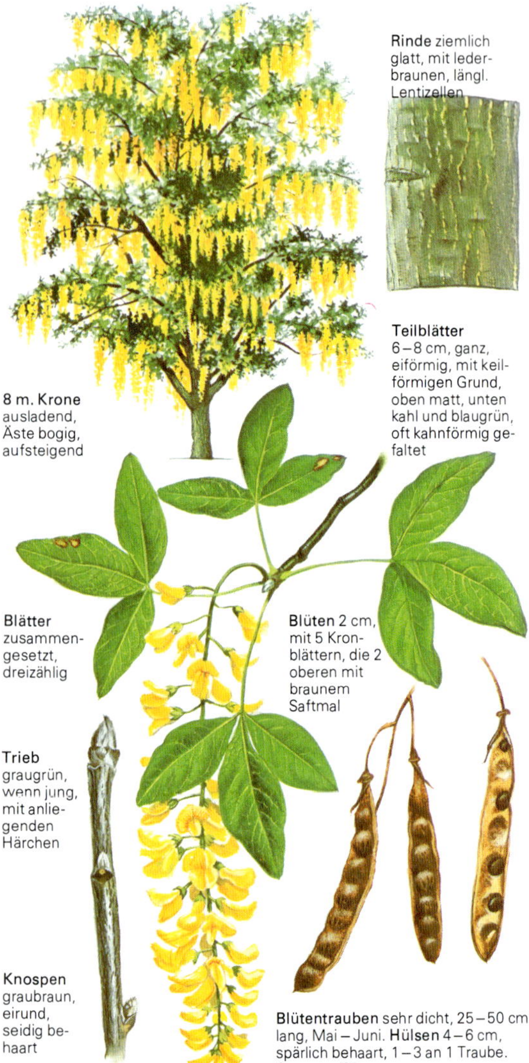

Rinde ziemlich glatt, mit lederbraunen, längl. Lentizellen

Teilblätter 6–8 cm, ganz, eiförmig, mit keilförmigen Grund, oben matt, unten kahl und blaugrün, oft kahnförmig gefaltet

8 m. Krone ausladend, Äste bogig, aufsteigend

Blätter zusammengesetzt, dreizählig

Blüten 2 cm, mit 5 Kronblättern, die 2 oberen mit braunem Saftmal

Trieb graugrün, wenn jung, mit anliegenden Härchen

Knospen graubraun, eirund, seidig behaart

Blütentrauben sehr dicht, 25–50 cm lang, Mai–Juni. **Hülsen** 4–6 cm, spärlich behaart, 1–3 an 1 Traube. **Samen** giftig

Einer der auffälligsten Zierbäume, ist oft in Gärten und Anlagen zu finden. Hier handelt es sich um eine Hybride des Gemeinen Goldregens *(Laburnum anagyroides)* und des Alpen-Goldregens *(L. alpinum)*. Von der einen Art hat er die längeren und von der anderen die dichten Blütentrauben. Der Gemeine Lederstrauch *(Ptelea trifoliata)*, zu den Rautengewächsen gehörend (S. 152), hat ähnliche dreizählige Blätter, die mit Öldrüsen besetzt sind. Seine Samen haben flache Flügel wie jene der Ulmen (S. 106–111).

Bittereschengewächse Simaroubaceae

Götterbaum

AILANTHUS ALTISSIMA

Die offene mächtige Krone des Götterbaums fällt unter allen anderen Straßenbäumen besonders auf. Er wächst sehr schnell und ist widerstandsfähig gegen Luftverschmutzung. Nordchina ist seine Heimat. Aus zurückgeschnittenen Ablegern wachsen oft Blätter, die über 1 m lang werden.

Buchsbaumgewächse Buxaceae

Buchsbaum

BUXUS SEMPERVIRENS

Der Buchsbaum bevorzugt Kalkboden und ist in Südeuropa und Nordafrika weit verbreitet. Vereinzelt kommt er auch bei uns vor. Die Triebe, im Querschnitt viereckig, sind bedeckt mit orangefarbenen Härchen. Er ist ein beliebter Hecken- und Zierbaum, weil er klein bleibt, immergrüne Blätter hat und sich gut zurückschneiden läßt. Das harte Holz wird gern für Schnitzarbeiten verwendet.

Sumachgewächse Anacardiaceae

Lack-Sumach

RHUS VERNICIFLUA

Aus der Rinde dieses aus Asien stammenden Baums gewinnt man eine harzige Flüssigkeit für die Herstellung von Möbellack. Der Chinesische Lack-Sumach *(R.potanini)* hat kleinere, grobgezähnte Blätter, deren Stiel die Knospen oft verdecken.

Essigbaum, Hirschkolben-Sumach

RHUS TYPHINA

Das gelb und rot leuchtende Herbstlaub und die merkwürdigen «Schleckstengel»-Früchte haben diesen nordamerikanischen Baum zu einem sehr beliebten Zierstrauch werden lassen. Der Name «Hirschkolben»-Sumach weist auf die dichtflaumigen Frühjahrstriebe hin, die an das junge Hirschgeweih erinnern.

Stechpalmengewächse Aquifoliaceae

Stechpalme

ILEX AQUIFOLIUM

Trieb gefurcht

B'rand gewellt. **B'stiel** 1 cm. **Knospen** klein

♂ (und ♀) **Blüte** 8 mm, 4zählig. **Frucht** 6 mm

25 m. Krone pyramidal, dicht. **Zweige** kurz. **Rinde** glatt. **Blätter** 10 cm, meist stachlig, oberste ganzrandig, unbewehrt

‚Argenteomarginata' (♂ *rechts)* und **‚Golden Queen'** (♂) haben weißgrüne Blätter. **‚Bacciflava'** (♀) hat charakteristische gelbe Beeren

Großblättrige Stechpalme – ILEX × ALTACLARENSIS

‚Camellifolia'-Kultivar (♀ *links außen):* Blätter mit wenig Dornen. **‚Hodginsii'** (♂ *links):* **breite Blätter. Pernys Stechpalme** hat 3 cm lange Blätter

Die Stechpalmen sind entweder männlich oder weiblich. Es gibt sehr viele Zuchtformen, die ebenfalls zweihäusig sind, aber die Blattformen sind verschieden. Die Großblättrige Stechpalme ist eine kräftige Hybride aus *I.aquifolium* und *I.perado* und zeichnet sich durch große, spitzbedornte Blätter aus. Sehr viel angepflanzt wird ‚Hodginsii', die fast ganzrandige Blätter hat. Die aus China stammende Stechpalme Perny *(I.pernyi)* hat sehr kleine Blätter.

Rautengewächse Rutaceae

Koreanische Stinkesche

EUODIA DANIELLII

Diese aus Korea und China stammende Art ist besonders wertvoll, weil sie so spät im Jahr die Gärten mit ihren Blüten schmückt. Der Korkbaum *(Phellodendron amurense)* fällt durch seine dicke, korkige Rinde auf; er hat größere Blätter mit 7–13 Teilblättchen und kleinere graue Knospen, die vom Blattstiel verdeckt werden.

Spindelbaumgewächse Celastraceae

Spindelbaum, Pfaffenhütchen

EUONYMUS EUROPAEUS

Kommt in fast ganz Europa vor. Der Spindelbaum ist klein, sehr oft ein Strauch, und beliebt wegen seiner hübschen Früchtchen und der schönen Herbstfärbung des Laubwerks. Sein hartes Holz wurde früher sehr geschätzt; man verwendete es zum Drechseln vieler Hausgeräte, wie z.B. Spindeln, Stricknadeln, Fleischspieße, Stifte und Nägel.

Platanengewächse Platanaceae

Früher wurde irrtümlich angenommen, daß Platanen mit den Ahorngewächsen eng verwandt seien, und zwar wegen der großen Ähnlichkeit der Blattform. Es ist daher nicht verwunderlich, daß zwei Ahornartnamen *(platanoides,* S. 154, und *pseudoplatanus,* S. 155) sowie *Platanus acerifolia* an diesen Irrtum erinnern. In der Gattung *Platanus* kommen aber immer nur wechselständige Blätter vor.

Morgenländische Platane

PLATANUS ORIENTALIS

Diese Art kommt aus Kleinasien und ist in vielen Dörfern Südeuropas als Schattenspender zu finden. Der kurze Stamm der Morgenländischen Platane kann einen Umfang von 13 m haben! Sie wird bis zu 30 m hoch.

Gewöhnliche Platane

PLATANUS × ACERIFOLIA

Dank ihrem majestätischen Habitus und ihrer phänomenalen Widerstandsfähigkeit gegen jede Art von Luftverschmutzung ist die Gewöhnliche Platane zum weitverbreitetsten Straßenbaum Europas geworden. Es ist dies eine Hybride aus *P.orientalis* und *P.occidentalis,* wobei die letztere seichter gelapptere Blätter und selten paarig angesetzte Kugelfrüchte hat.

Ahorngewächse Aceraceae

Bemerkenswert sind die Ahorne wegen ihres wunderbar goldenen Herbstlaubes. Die Blätter sind meist handförmig gelappt und immer gegenständig. Die Blüten sind klein, meist grünlich oder gelb, der Blütenstand eine Rispe, Doldentraube oder Traube. Die charakteristischen Flügelfrüchte setzen sich aus paarigen Nüßchen zusammen, die mit dünnen, flachen Flügeln ausgestattet sind, so daß sie besser durch den Wind verbreitet werden können.

Spitz-Ahorn

ACER PLATANOIDES

Blüht im April, vor B'austrieb, aufrechte Doldentraube m. 20–30 Bl. **Kronblätter** 8 mm lang. **Knospen** 1 cm, purpurrot. **Trieb** dick, kahl, dunkelbraun

25 m. Krone hochgewölbt, dicht belaubt. **Stamm** kurz. **Rinde** grau, fein gefurcht

Blatt 12 × 15 cm, handförmig, 2–6 grobe Zähne an jedem Lappen, Ränder des Mittellappens parallel. **Spreite** Us heller. **B'stiel** lang (15 cm), Milchsaft führend, im Gegensatz zu ähnlichen Ahornarten

Flügelfrüchte flach, **Flügel** je 3–5 cm, fast waagrecht

'**Schwedleri**': wenn jung, rosarot, im Sommer grün, im Herbst purpurn

'**Drummondii**': kleine Blätter, weißgelblich gescheckt

Der Spitz-Ahorn ist ein mittel- und nordeuropäischer Baum. Er fällt besonders im April auf, wenn sich die gelben Blüten massenhaft öffnen, und im Herbst erkennt man ihn von weitem an seinem prächtigen goldgelben Laubwerk. Da er als Straßenbaum sehr beliebt ist, wurden viele Kultivare gezüchtet. 'Crimson King' hat den ganzen Sommer über blutrote Blätter.

Berg-Ahorn

ACER PSEUDOPLATANUS

Trieb grünbraun. **Knospen** eirund, 1 cm, grün, rotrandig. **Blütenrispe** 12 cm, dicht hängend, mit 50–100 Bl.

Flügelfrüchte im Winkel von 90°, 3 cm lang

35 m. Krone breit, **Zweige** «getürmt». **Rinde** schuppig, hell graubraun; wenn jung, silbrig, glatt. Berg-Ahorn oft angepflanzt – Hartholz

Blatt 18×26 cm groß an jungen Bäumen. Mittlere Größe 15×20 cm, 5 Lappen, selten 3–7. **Zähne** grob. **B'spreite** unten blaugrün. **Netznervig. B'stiel** rötlich

1 

2 

1

2

3

‚Erectum'-Kultivar (1) hat schmal aufsteigende Zweige. B von **‚Purpureum'** (2) mattgrün, unten purpurn

‚Brillantissimum' (1): Blatt zuerst hellrosa, wird gelb, dann d'grün. **‚Leopoldii'** (2): hat oft gelb gefleckte Blätter. **‚Worleei'** (3): Blatt jung, goldgelb, zu Gelbgrün verblassend

Der Berg-Ahorn paßt sich überall gut an, man findet ihn in ganz Mitteleuropa, im Norden bis zum Harz und Paris, im Südosten bis zum Kaukasus und der Krim. Die Samen keimen sehr leicht, so daß er als lästiges Unkraut auftreten kann. Samt-Ahorn *(A.velutinum)* hat größere Blätter und aufrechte Blütenstände. Hornfrucht-Ahorn *(A.diabolicum)* hat bewimperte, flaumig behaarte Blätter.

Feld-Ahorn

ACER CAMPESTRE

Knospen 5 mm, Spitze behaart. **Wintertrieb** oft glänzend

B'stiel schlank, 5–9 cm, mit Milchsaft

Flügelfrüchte zu 4 Paaren, behaart. **Flügel** je 3 cm, waagrecht, wenn reif, braun

Blatt 4–7 cm, 5 Lappen, basale kleiner oder fehlend. **Spreite** unten heller, im Herbst golden, **N** mit Achselbärten. **Rand** bewimpert

Rinde grau, rissig und gefurcht

Der Feld-Ahorn kommt in ganz Europa vor. Er wird häufig in Gärten und Parks angepflanzt. Miyabeis Ahorn *(A.miyabei),* aus Japan stammend, hat breitere, hellere Blätter, Mittellappen parallelseitig, Blattstiel an der Basis bis 1 cm breit und die Knospe umfassend.

Italienischer Ahorn

ACER OPALUS

Blüht im April, vor B'austrieb, hängende auffällige Doldentrauben. **Früchte** büschlig zu 8–16. **Flügel** je 2,5 cm, spitzwinklig

Winterzweig kahl, mit hellen Lentizellen

Blatt 12 cm, 3–5 Lappen. **Zähne** grob, unregelmäßig. **N** vertieft. **Spreite** unten blaugrün, behaart. **B'stiel** 10 cm, mit wässrigem Saft

Aus Südeuropa stammend, auch in Frankreich vorkommend, ist *A.opalus* ein kleiner Baum, der nur 15 cm hoch wird. Der Griechische Ahorn *(A.heldreichii)* hat schmale, tiefe Ausbuchtungen, der Kaukasische Ahorn *(A.trauvetteri)* hat breite, tiefe Ausbuchtungen. Beide Arten tragen *aufrechte* Blütenstände.

Kolchischer Ahorn

A. CAPPADOCIUM

Blatt 8 × 12 cm, handförmig. **Lappen** spitz zulaufend. **Spreite** unten heller. **Achselbärte** zwischen B'nerven. **Ganzrandig.** Junge **B** rötlich. **Herbstfärbung** goldgelb

Frucht an hängenden Doldentrauben. **Flügel** je 7 cm, fast waagrecht. **Blattstiel** bis 12 cm, Milchsaft führend

12 m. Krone dicht, gewölbt. **Rinde** glatt, graubraun. **Stamm** kurz. Macht **Ausläufer**

Natürliches Vorkommen in Kleinasien, im Himalajagebiet und in China. Der Kolchische Ahorn ist einer der schönsten seiner Gattung und fällt besonders durch das herbstliche Laub auf. Die Sorte ‚Aurum' hat gelblichgrüne Blätter, jene von ‚Rubrum' sind beim Austrieb tiefrot überhaucht. Thunbergs Ahorn *(A.mono)* hat ähnliche Blätter, ist aber an den graubraunen Trieben erkennbar.

Lobels Ahorn

ACER LOBELII

Blatt 12 cm, 3–5 Lappen. **B'rand** runzlig. **Spreite** matt, unten heller. **Achselbärte** zwischen B'nerven.

Blattlappen aufwärts od. seitwärts gedreht

Blattstiel 10 cm, grün, mit **Milchsaft**

25 m. Krone säulenförmig, breiter werdend. **Trieb** grün od. purpurn, anfangs bläulich bereift, mit weißlicher Wachsschicht

Der ähnlich gelappten, ungezähnten Blätter und Triebe wegen, die mehrere Jahre grün bleiben, kann Lobels Ahorn mit dem Kolchischen Ahorn verwechselt werden. Aber die gedrehten Lappenspitzen und der runzlige Blattrand sind gute Merkmalsunterschiede für Lobels Ahorn (in den südlichen Bergwäldern Italiens beheimatet).

Großblättriger Ahorn

ACER MACROPHYLLUM

Trieb dick, grün. Knospen dick, konisch, mit rotbraunen Schuppen

B'einschnitte tief, schmal, abgerundet

B'unterseite heller. B'stiel lang (15–35 cm), rot od. grün, stengelumfassend, bedeckt oft Knospe. Flügelfrüchte riesig, jeder Flügel 5 cm, zu 90° od. weniger

B'spreite sehr groß (20× 35 cm), 5lappig, dünn. Zähne stumpf. B'rand bewimpert

Blütenrispe schmal, 25 cm

Diese raschwüchsige nordamerikanische Art, die an der Westküste vorkommt, wird ungefähr 30 m hoch und hat eine breitgewölbte, große Krone mit aufsteigendem Astwerk. Der Großblättrige Ahorn ist der einzige unter seinen Artgenossen, der Milchsaft führt und hängende Rispen hat. Dazu hat er riesige Blätter mit einem stengelumfassenden Blattstiel – Merkmale, die ebenfalls nützlich beim Bestimmen sind.

Zucker-Ahorn

ACER SACCHARUM

Flügelfrüchte 2–2,5 cm, in Reife braun

30 m. Krone locker. Rinde grau, glatt, später rissig, sich in Platten lösend

Blatt 12 ×18 cm, 5lappig, frischgrün, im Herbst goldpurpurn. Zähne stumpf, dreieckig, 3–5 an 3 größten Lappen. Einschnitte tief, abgerundet. Knospen 6 mm, braun, eirund-konisch, behaart

Im weiten Gebiet von Ost-Kanada bis hinunter nach Texas vorkommend, ist dies die Art, aus der man den beliebten Ahornsirup gewinnt. Das Blatt ist jenem des Spitzahorns (S. 154) nicht unähnlich, aber es führt einen wäßrigen Saft. Der Schwarzahorn *(A.nigrum)* hat dunklere, mattere Blätter mit gelblichen Nerven. Sie sind dreilappig und wellig gebogen. Die Rinde ist gefurcht.

Silber-Ahorn

ACER SACCHARINUM

Der Silber-Ahorn kommt von Quebec bis Florida vor und wird ungefähr 30 m hoch. Die Krone ist locker und hochgewölbt, die Rinde silbergrau und glatt. Die braunroten Blüten öffnen sich im März vor dem Blattaustrieb. Das Herbstlaub zeigt alle Schattierungen von Gelb über Gold zu Rot.

Rot-Ahorn

ACER RUBRUM

Dieser nordamerikanische Ahorn hat den richtigen Namen: Blüten, Früchte, Triebe und das herbstliche Laub zeigen alle Schattierungen von Rot. Die Blattunterseite und die Rinde sind silbrigweiß. Er ist sehr nah mit dem Silber-Ahorn verwandt, aber kleiner.

Fächer-Ahorn

ACER PALMATUM

15 m. Krone groß, gewölbt. **Stamm** kurz. **Rinde** glatt, braun. **Trieb** grün od. purpurn, ohne Lentizellen. **Knospen** klein (3 mm), rot od. grün, mit feinen Borsten. **Flügelfrüchte** klein (2 cm), stumpfwinklig

Blätter 9 cm, glänzend, unten hellgrün. **Lappen** tief eingeschnitten. **Zähne** paarig. **B'stiel** 3 – 5 cm

Blüten 6 – 8 mm, aufrechte Rispen zu 12 – 15, auf 4-cm-Stielen

,Dissectum'-Blätter haben 7 – 11 Lappen; oft so tief eingeschnitten, daß sie gefingert sind

,Senkaki' od. Korallen-Ahorn: groß, raschwüchsig. Trieb im Winter korallenrot, Herbstlaub orangerot

,Atropurpureum'-Blätter 5lappig, rot bis d'rot, im Herbst heller

Dieser Fächer-Ahorn aus Japan ist ein kleiner, strauchiger Baum. Das Herbstlaub zeigt viele Rotschattierungen, aber auch im Frühjahr ist er reizvoll, wenn die roten Blüten sich gegen die frischgrünen Blätter abheben. Es gibt unzählige Kultivare, davon sind ,Senkaki' und ,Atropurpurea' die populärsten. Der Oliver-Ahorn *(A.oliveranum)*, aus Zentralchina stammend, hat steifere, glänzendere Blätter, die fünflappig und fein gezähnt sind. Die Blattunterseite ist manchmal flaumig behaart.

Japanischer Ahorn

ACER JAPONICUM

Diese japanische Art hat charakteristische, fast kreisförmige Blätter. In Gärten trifft man zwei Klone an: ‚Vitifolium', mit größeren Blättern (bis zu 15 cm) und schöner Herbstfärbung, und ‚Aureum', das kleiner ist und den ganzen Sommer hindurch goldgelbe Blätter hat.

Davids Ahorn

ACER DAVIDII

Von den Ahornarten mit weißgestreifter Rinde ist Davids Ahorn die am häufigsten angepflanzte. Der Blütenstand ist lang und dicht. Wildwachsend kommt er in weiten Gebieten Chinas vor, als Art ist er sehr veränderlich. Eine Form, ‚Ernest Wilson', ist niedriger und runder, die Blätter gelber und an der Mittelrippe etwas eingefaltet.

Roter Schlangenhaut-Ahorn

ACER CAPILLIPES

Auch dieser Ahorn stammt aus Japan, die einzige Art, dessen Blätter kleine, vorwärtsgerichtete seitliche Lappen haben, vertiefte Nervatur und gelbliche Nervenwinkel. Die herbstliche Farbe, die roten Triebe und Knospen und die weißgestreifte Rinde haben ihm den Namen gegeben: Roter Schlangenhaut-Ahorn.

Pennsylvanischer Ahorn

ACER PENSYLVANICUM

Der Pennsylvanische Ahorn ist die einzige Art mit «Schlangenhautrinde», die in Nordamerika beheimatet ist. Alle anderen stammen aus Ostasien. Der Rostnervige Ahorn *(A.rufinerve)* aus Japan hat kleinere Blätter mit rostroten, behaarten Nerven; die Knospen sind weiß und klein, die Nüßchen rund. Hers' Ahorn *(A.hersii)* hat mattgrüne Blätter, größere Früchte, und ist nicht rot gefärbt.

Französischer Ahorn

ACER MONSPESSULANUM

Knospen klein, 3 mm, eirund. **Trieb** schlank, leicht glänzend. **Blüten** im Juni blühend(vor od. mit B'austrieb), in kleinen, aufrechten, ca. 5 cm großen Rispen

Fruchtflügel klein (je 1,2 cm), meist parallel oder überlappend

Blatt 4 × 7 cm, dreilappig, meist ganzrandig, unterseits blaugrün, mit Achselbärten in B'grundnähe. **B'stiel** 4 cm dünn, rosa

Der Französische Ahorn kommt wildwachsend von Spanien, Nordafrika bis zum Iran vor. Dieser Baum, den man oft als Hecke anpflanzt, wird höchstens 15 m hoch. Kreta-Ahorn *(A.sempervirens)* ist fast immergrün und hat kleine, ledrige, sehr veränderliche Blätter, die meist nur dreilappig sind, aber auch gar keine Lappen haben können.

Amur-Ahorn

ACER GINNALA

Blüten zu ca. 50 in aufrechten, auffälligen Rispen, Ende Mai blühend

10 m. Krone rund gewölbt. **Zweige** schlank. **Stamm** klein, krumm. **Rinde** glatt, dunkel

Flügelfrüchte büschelig, hängend. **Flügel** breit (2,5 cm),durchsichtig, fast parallel

Blätter 8 cm, erst gelb, im Herbst d'rot. **B'stiel** 4 cm

Zähne unregelmäßig

Der Amur-Ahorn, aus Nordostasien stammend, ist ein kleiner, buschiger Baum, der nur für kurze Zeit im September seine wundervolle zinnoberrote Färbung zeigt. Der Dreizahn-Ahorn *(A.buergeranum)* hat dreilappige Blätter, die Lappen sind nach vorwärts gerichtet wie Neptuns Dreizack. Die Blattunterseite ist silbrigweiß.

Zimt-Ahorn

ACER GRISEUM

Blätter dreizählig. **Teilb.** 4 × 10 cm, rötlich austreibend, dann gelb, später grün. **Zähne** groß

B'stiel 5 cm, behaart. **Nerven** vertieft, Mittelrippe dicht behaart. **Frucht** zu 3 Paaren, mit breiten, vorwärtsgebogenen Flügeln u. behaarten Nüßchen

Rinde rot od. zimtbraun, schuppig sich ablösend an Stamm u. Ästen

15 m. Krone schlank, locker. **Zweige** gedreht. **Herbstlaub** von Rot zu Orange

Der Zimt-Ahorn, aus Zentralchina stammend, wird hauptsächlich wegen der schönen rotgelben Tönungen des Herbstlaubs angepflanzt, aber auch wegen der bleibenden Schönheit der Rinde. Der Dreiblütige Ahorn *(Acer triflorum)* kommt in Japan und Korea wildwachsend vor und zeichnet sich durch eine rauhe, graubraune Rinde und rote Herbstfarbe aus. Der Fünfblatt-Ahorn *(A.pentaphyllum)* hat fingerförmige Blätter, die auf der Unterseite blaugrün sind.

Nikko-Ahorn

ACER NIKOENSE

Teilb. unterseits behaart. **B'stiel** 7 cm, dick, dicht behaart. **Flügelfrüchte** zu 3 Paaren, breit, 2,5 cm lang, kahl im Winkel von 90° oder mehr. **Nüßchen** dicht behaart

Blätter dreizählig, im April austreibend. **Teilb.** 10 × 3,5 cm, lederig, die seitlichen sitzend, Grund asymmetrisch. **Feingezähnt**

Rinde glatt, erst grau, grünlich getönt, später graurosa, fein rot punktiert

Der Nikko-Ahorn stammt aus Japan und Zentralchina und hat wie der Zimt-Ahorn eine lebhafte Herbstfarbe. Der Mandschurische Ahorn *(A.mandschuricum)* hat eine ähnliche Rinde wie der Nikko-Ahorn, doch ist der Blattrand gesägt, die Stiele sind lang.

Eschen-Ahorn

ACER NEGUNDO

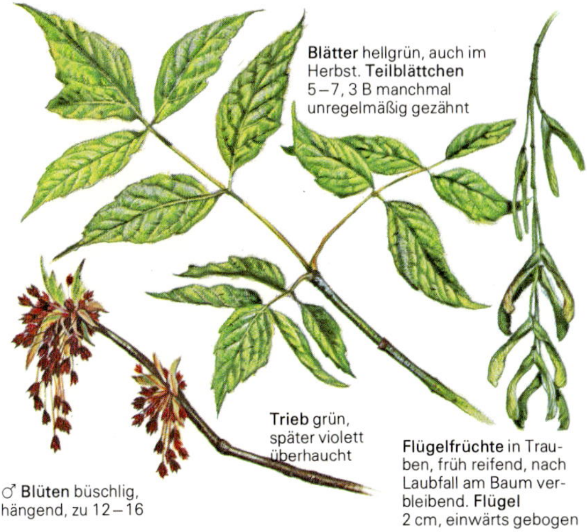

Von dem in Gärten und Parks häufig angepflanzten Baum findet man doch nur selten ein schönes Exemplar. Die Sorte ,Variegatum' produziert Früchte und Blätter, die weiß gesprenkelt sind. Heinrichs Ahorn *(A.henryi)* kommt aus China und hat rotes Herbstlaub, rosarote Blattsiele und hellgrüne, glänzende Triebe.

Klebsamengewächse Pittosporaceae

Schmalblättriger Klebsame

PITTOSPORUM TENUIFOLIUM

Die Klebsamengewächse kommen hauptsächlich in Australien, Südostasien und Südafrika vor. Nur eine Art stammt aus Madeira. Der Schmalblättrige Klebsame ist in Neuseeland heimisch und bemerkenswert durch die wohlriechenden Blüten.

Roßkastaniengewächse Hippocastanaceae

Weil die Frucht dieser kleinen Familie der *Castanea*-Frucht (S. 105) ähnlich sieht, wurde sie mit dieser in Beziehung gebracht. Die gegenständigen Blätter, fingerförmig zusammengesetzt, die auffälligen, aufrechten Blütenrispen und die wohlbekannten rotbraunen Samen sind gute Bestimmungsmerkmale.

Roßkastanie

AESCULUS HIPPOCASTANUM

Blüten zahlreich, bis zu 150 auf einer Rispe, die 15–30 cm lang ist. 5 **Kronb.** an Basis m. Saftmal

40 m. Krone groß, dicht ausladend. Äste aufsteigend, manchmal Absenker bildend

Knospen 2,5 cm. **Trieb** dick. **Blattnarben** hufeisenförmig

Teilb. (5–7) 10–25 cm, sitzend, unregelmäßig gezähnt

Frucht 5 cm

Die Roßkastanien liefern im Herbst die beliebten kastanienroten Samen, die von den Kindern für vielerlei Spiele verwendet werden. Die Japanische Roßkastanie *(A.turbinata)* hat klebrige Knospen und sitzende Teilblätter, aber diese sind regelmäßig gezähnt und größer (bis zu 40 cm lang).

Rotblühende Roßkastanie

AESCULUS × CARNEA

Knospen nicht klebrig. **Rispe** 12–20 cm lang. **Blüten** offen im Mai; ‚Briottii'-Blüten dunkler rot

Rinde ähnlich wie Roßkastanie, aber rauher. **Stamm** oft mit Maserknollen

Diese Hybride ist kleiner als die Eltern, die Knospen sehen der Amerikanischen Roßkastanie *(A.pavia)* ähnlich, die ebenfalls rote Blütenstände hat.

Indische Roßkastanie

AESCULUS INDICA

Teilb. (5–9) 15–30 cm, gestielt, fein gezähnt, leuchtendgelb austreibend. **Blütenstand** schlank, 30 cm lang. **Rinde** glatt

Frucht glatt. **Same** 4 cm, mit hellem Hilum

Blattunterseite kahl und blaugrün. **Knospen** klein (1,5 cm), klebrig. **B'stiel** 18 cm. **Trieb** rauh

Diese aus dem Himalajagebiet stammende Art blüht und fruchtet etwa 6 Wochen später als *A.hippocastanum;* sie wurde von allen *Aesculus*-Arten am häufigsten angepflanzt und hat 4zählige Blüten und klebrige Knospen. Die Kalifornische Roßkastanie *(A.californica)* hat birnförmige Früchte, kleinere, sitzende Blätter und flache Blattstiele.

Gelbe Pavie

AESCULUS FLAVA

20 m. Krone schmal, schöne rotgelbe Herbstfarbe. **Äste** klein, hängend, gewunden. **Stamm** gerade. **Rinde** grau- od. rotbraun, glatt, im Alter schuppig ablösend

Blätter 5–7 Teilb. mit vertieften Nerven. **Blüten** 4 cm, dicht, manchmal rosa, Rispe 10–15 cm. **Kronblätter** (4) vorwärtsgerichtet

Blattrand fein gezähnt

Teilb. 15 cm, kahl, unten oft flaumig, mit 1,5 cm Stiel. **Frucht** 6 cm, glatt, 2samig

In England und den USA nennt man diese Art «Gelbes Hirschauge», weil das Hilum an das Auge des Edelhirschs erinnert. Die Knospen sind nicht klebrig. Die Gelbe Pavie hat die leuchtendsten Herbstfarben. Die doppeltgezähnten Blätter der Carolina-Roßkastanie *(A.neglecta* ,Erythroblastos') entfalten sich im Frühjahr rosarot.

Lindengewächse Tiliaceae

Merkmale der Lindengewächse: große, herzförmige, gezähnte Blätter, Blüten in Trugdolden, deren Stiel an einem charakteristischen Hochblatt angewachsen ist. Die Frucht ist trocken und nußähnlich.

Sommer-Linde

TILIA PLATYPHYLLOS

Blattrand kerbig gesägt. **Trieb** behaart. **Knospen** rot, mit 3 Schuppen

Blattstiel 5 cm, behaart. **Blüten** (3–6) 12 mm

Hochblatt groß (12 cm). **Frucht** 1 cm, dicht flaumig, mit 5 Rippen, zu 3en

Blätter 16 cm, veränderlich – andere Linden mit größeren Blättern. **Spreite** oben behaart, unten **N** dicht, flaumig, mit Achselbärten

Sommerlinden sind in ganz Europa heimisch; die Krone ist schmal, mit steil aufsteigenden Ästen. Die Rinde ist grau und rissig, Austriebe am Stamm sind selten. Die Amerikanische Linde *(T.americana)* hat noch größere Blätter, die grob gezähnt, fast kahl und auf der Blattunterseite heller sind.

Winter-Linde

TILIA CORDATA

Laubwerk dicht, etwas hängend. **Blätter** 6 cm. **B'rand** fein gezähnt. **B'spreite** rund, herzförmig, zugespitzt, oben glänzend, unten blaugrün. **Achselbärte** erhaben, braungelb

30 m. Krone schmal, im Winter stark verästelt. **Stamm** oft mit Maserknollen

Wintertrieb glänzendbraun, mit hellen Lentizellen. **Knospen** d'rote Schuppen

Diese Art erkennt man an den rundlichen Blättern und den Blütenständen, die aufrecht sind und nach allen Seiten abstehen. Die Mongolei-Linde *(T.mongolica)* pflanzt man dort, wo nur ein kleinerer Baum Platz hat. Die Blätter sind grob dreieckig gezähnt, so daß man sie fast als gelappt bezeichnen könnte.

Holländische Linde

TILIA × EUROPAEA

Blattstiel 5 cm, kahl, **Knospen** grün od. rötlich. **Blüten** in Trugdolden zu 4–10, duftend

Blätter 10 cm, schief herzförmig. **Spreite** unten kahl. **N** m. braunweißen Achselbärten, oft m. Gallwespenverformungen

40 m. Astwerk aufsteigend, getürmt. **Triebe** häufig am Stamm. **Rinde** gefurcht u. Maserknollen

Die Holländische Linde ist eine natürliche Hybride aus der Sommer- und der Winter-Linde. Sie gehört zu den größten Laubbäumen und wird häufig als Straßenbaum angepflanzt. Im 17. Jahrhundert wurde dieser Baum von holländischen Gärtnern gern weitergezüchtet, weil es leichter war, diese Hybride zu vermehren als die elterlichen Pflanzen. Die Holländische Linde wird oft zurückgeschnitten.

Krim-Linde

TILIA × EUCHLORA

Blüten in Trugdolden zu 3–7. **Hochblatt** lang (8 cm). **Frucht** behaart, 5 Rippen

Trieb meist grün, außen auch rosa bis rot. **Knospen** rot od. gelb

Blätter 10 cm, im unteren Teil meist größer. **Spreite** schief herzförmig, glänzendgrün, unten heller, mit braunen Achselbärten. **Blattstiel** 5 cm

20 m. Krone schmal, gewölbt. **Zweige** schwach aufsteigend, unregelmäßig werdend, im Alter dichter, oft den Erdboden berührend. **Stamm** glatt und grau

Die Herkunft der Krim-Linde ist nicht gesichert. Man hält sie für eine Hybride der Winter-Linde und der seltenen *T.dasystyla,* die im Kaukasus beheimatet ist. Das schöne Laubwerk, widerstandsfähig gegen Gallwespenbefall, macht sie zu einem besseren Straßenbaum als die Holländische Linde.

Silber-Linde

TILIA TOMENTOSA

Wenn der Wind mit den silberweißen Blättern spielt, ist die Silber-Linde besonders reizvoll. Ihre Heimat ist der Balkan. Die Oliver-Linde *(T.oliveri)*, aus China, hat größere, herzförmige Blätter, die oben kahl und frischgrün sind.

Hänge-Silber-Linde

TILIA PETIOLARIS

Diese Art wird viel auf *T.europaea* (S. 169) gepfropft, was die Textur der Rinde in der Höhe von 2 m verändert. *T.petiolaris* kreuzt sich natürlich mit *T.americana* (S. 168). Diese Hybride nennt man Von-Moltke-Linde *(T.× moltkei)*; sie hat größere Blätter, die unten etwas flaumig behaart sind.

Seifenbaumgewächse Sapindaceae

Blasenesche

KOELREUTERIA PANICULATA

Dieser in Japan und China beheimatete Baum wird höchstens 15 m hoch; die Krone ist weit ausladend; die hängenden Blätter, die auffallenden Blütenrispen und die aufgeblasenen Früchte sind unverwechselbar. Im Herbst verfärbt er sich gelb.

Eucryphia-Gewächse Eucryphiaceae

Nymans-Eucryphia

EUCRYPHIA × NYMANSENSIS ,NYMANSAY'

Dieser immergrüne Baum mit dem säulenförmigen Wuchs ist deshalb so beliebt, weil er spät im Jahr blüht. Nymans-Eucryphia ist eine Kreuzung aus zwei chilenischen Arten. Rostrevor-Eucryphia *(E. × intermedia)* hat kleinere Blüten und dunklere Blätter.

Tee-Gewächse Theaceae

Kamelienartige Stewartie

STEWARTIA PSEUDOCAMELLIA

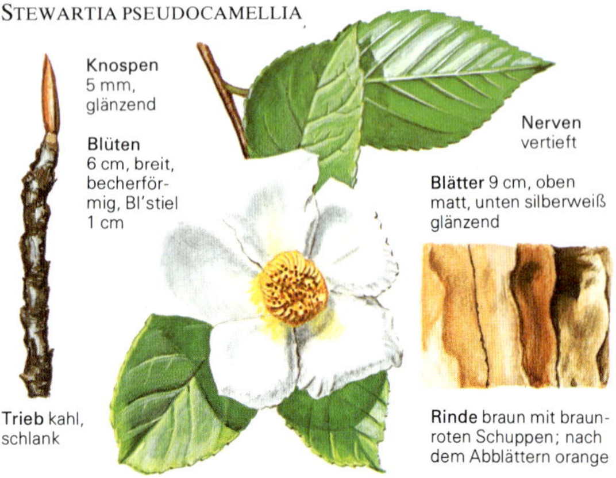

Dieser Baum, der Kamelie verwandt, aber nur sommergrün, gefällt besonders wegen der großen, weißen Blüten, die vom Juli an das Auge erfreuen. Das schöne Herbstlaub verfärbt sich von Gelb zu Rot. Die Chinesische Stewartie *(S.sinensis)* hat eine rahmweiße oder rosa Rinde.

Tupelobaum-Gewächse Nyssaceae

Wald-Tupelo

NYSSA SILVATICA

Zur Gattung *Nyssa* zählt man vier Arten: drei kommen aus dem Osten Nordamerikas, eine aus China. In Mitteleuropa sieht man den Wald-Tulepo gelegentlich in Parks. Das ganze Jahr über ist er ein langweiliger Baum; erst im Frühherbst beginnt er sich zu verfärben und wechselt von Karmin zu Goldgelb und zuletzt zu Leuchtendrot.

Davidia-Gewächse Davidiaceae

Taubenbaum, Taschentuchbaum

DAVIDIA INVOLUCRATA

Sein Entdecker, Pater David, hat diesem chinesischen Baum den Namen gegeben. Wenn er im Mai blüht, sieht man die auffallenden weißen Hochblätter von weitem und hat den Eindruck, als wären «Trauben» darauf. *D.involucrata* var. *vilmoriniana* hat größere Blätter und wird häufiger angepflanzt.

Myrtengewächse Myrtaceae

Gunns Eucalyptus

EUCALYPTUS GUNNII

Weil man aus seinem Saft Most herstellen kann, heißt er in seiner australischen Heimat «Cider Gum». Er läßt sich sehr gut stutzen. Bevor sich die Blüten entfalten, werden sie von einer Mütze aus verwachsenen Kronblättern (Operculum) geschützt.

Schnee-Eukalyptus

EUCALYPTUS NIPHOPHILIA

Diese Eukalyptusart wird nur 10 m hoch. Sie kommt wild in den südöstlichen Bergen Australiens bis in 2000 m Höhe vor. Der Blaugummibaum *(E.globulus)* aus Tasmanien hat größere Blätter, die jung blaugrünlich sind.

Efeugewächse Araliaceae

Efeu

HEDERA HELIX

Der kletternde Efeu sucht das Sonnenlicht. Diese Kletterpflanze gleicht einem Baum, wenn sie ihren Gast, der ihr Halt gibt, mit Wurzeln, Blättern und Blüten einpackt, ohne ihn aber zu «erwürgen». Der Efeu hört zu klettern auf, sobald seine Blätter dem Sonnenlicht ausgesetzt sind.

Baumkraftwurz

KALOPANAX PICTUS VAR. MAXIMOWICZII

Kalopanax, aus Asien stammend, wird sehr selten angepflanzt. Zu dieser Gattung zählt nur eine Art. Die hier abgebildete Varietät ist die häufigste; die natürliche Art hat kleinere Blätter und ist seichter gelappt. Die Blütenstände in doldigen Köpfchen sind sehr groß.

Hartriegelgewächse Cornaceae

Pagoden-Hartriegel

CORNUS CONTROVERSA

Das natürliche Vorkommen des Pagoden-Hartriegels umfaßt ein weites Gebiet: Japan, China, Himalaja. Charakteristisch für alle Hartriegel-Arten sind die parallel zum Blattrand verlaufenden Nerven.

Nuttalls Hartriegel

CORNUS NUTALLII

Besonders eindrucksvoll zur Blütezeit, wenn die weißen Hochblätter sich entfaltet haben. Wildwachsend kommt Nuttalls Hartriegel an der Westküste Nordamerikas vor. Der Blüten-Hartriegel *(C.florida)* hat kleinere Blätter und immer nur 4 Hochblätter.

Japanischer Hartriegel

CORNUS KOUSA

Dieser Hartriegel stammt aus Japan und Zentralchina und wird bis 10 m. hoch. Die Äste bilden Etagen wie *C. controversa,* aber die Blätter sind gegenständig. Das Herbstlaub fällt durch das leuchtende Rot auf.

Kornelkirsche

CORNUS MAS

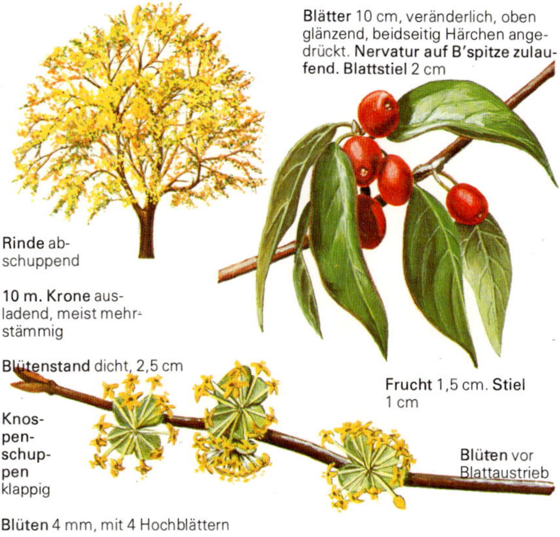

Dieser einst sehr beliebte Zierbaum stammt aus Südeuropa. Er wurde häufig angepflanzt, weil er schon sehr früh seine hellgelben Blütenköpfchen zeigt, zudem sind die im Herbst leuchtendroten Früchte eßbar und geben eine ausgezeichnete Konfitüre.

Heidekrautgewächse Ericaceae

Erdbeerbaum

ARBUTUS UNEDO

Natürliches Vorkommen des Erdbeerbaums: von Südwestirland über Südfrankreich bis nach Kleinasien. Der immergrüne Baum wird höchstens 10 m hoch. Die Rinde ist dunkel braunrot, feinrissig. Die erdbeerähnliche Frucht braucht ein Jahr, um auszureifen. Auf ihren faden Geschmack weist der Gattungsname *unedo* hin, was bedeutet: «Einmal und nicht wieder!»

Madroña

ARBUTUS MENZIENSII

Kommt an der pazifischen Küste Nordamerikas vor, wo er bis 40 m hoch wird. Das beste Merkmal ist die Rinde. Der Zyprische Erdbeerbaum *(A.andrachne)* mit schmaleren Blättern und *A.× andrachnoides* mit gezähntem Blattrand haben eine ähnliche Rinde.

Sauerbaum

OXYDENDRUM ARBOREUM

Der im Herbst oft noch einmal blühende Sauerbaum ist im Osten der USA heimisch. Schon während der Blütezeit verfärbt sich das Laub zu herbstlichem Rot. Der säuerliche Geschmack der Blätter hat ihm den Namen gegeben. Die Kapseln sind weißlich und 12 mm groß.

Ebenholzgewächse Ebenaceae

Persimone

DIOSPYROS VIRGINIANA

Die Persimone stammt aus dem Südosten Nordamerikas und wird etwa 20 m hoch. Sie hat glänzende Blätter, die Blüten sind glockig. Die saure Frucht ist erst eßbar, wenn der erste Frost sie «gekocht» hat. Die Dattelpflaume *(D.lotus)* und die Kakipflaume *(D.kaki)* kommen beide aus Asien. Letztere wird gelegentlich angepflanzt.

Storaxgewächse Styracaceae

Japanischer Storaxbaum

STYRAX JAPONICA

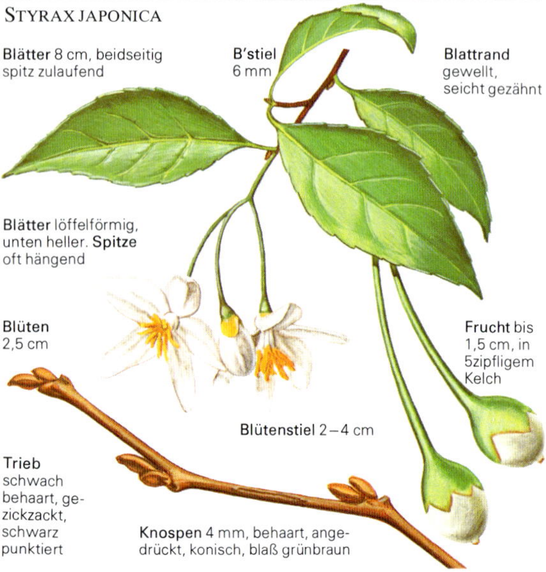

Wie der Name sagt, kommt der Japanische Storaxbaum aus Asien; er wird kaum 10 m hoch und hat eine rundgewölbte Krone mit waagrecht abstehenden Ästen. *S.officinalis* ist noch kleiner; Zweige, Blätter und Blüten sind weißflaumig behaart. Die Blätter sind oval herzförmig, die Früchte rund.

Obassia-Storaxbaum

STYRAX OBASSIA

Der Obassia-Storaxbaum stammt aus Japan, die Rinde ist grau, die Krone locker und aufrecht. Er wird 15 m hoch. Hemsleys Storaxbaum *(S.hemsleyana)* hat nur kurze, weiße Blütentrauben. Die Blattstiele der weniger flaumigen Blätter verdecken die Knospe nicht.

Maiglöckchenbaum

HALESIA MONTICOLA

In den Bergen des südöstlichen Nordamerika kommt der Maiglöckchenbaum wild vor. Früchte und Blüten sind gute Merkmale. Der Carolina-Maiglöckchenbaum *(H.carolina)* wächst buschiger und hat kleinere Blüten und Früchte.

Weiderichgewächse Lythraceae

St.-Bartholomäus-Baum

LAGERSTROEMIA INDICA

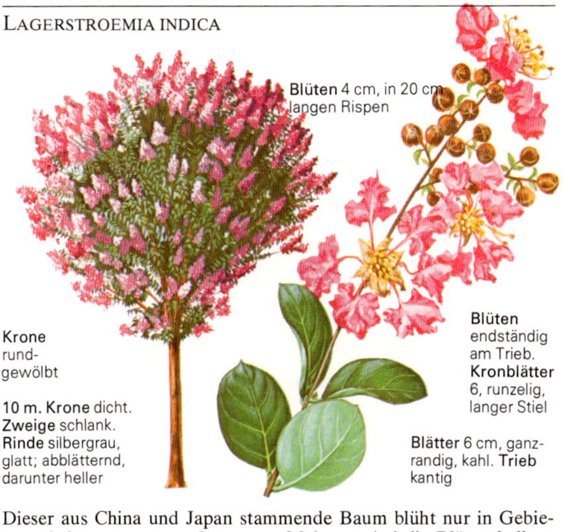

Dieser aus China und Japan stammende Baum blüht nur in Gebieten mit langen warmen Sommern. Meistens sind die Blüten hellrot, aber sie können auch purpur- oder karminrot sein. Knospen und Blätter sind entweder paarig, zu dreien oder einzeln an demselben Sproß.

Ölbaumgewächse Oleaceae

Hauptmerkmale dieser Familie, die rund 400 Bäume und Sträucher umfaßt, sind gegenständige Blätter, einfach oder gefiedert, und zwittrige oder einhäusige Blüten mit 2 Staubblättern. Die Frucht kann eine Steinfrucht, eine Kapsel oder eine Flügelfrucht sein. Die wichtigste Gattung sind die Eschen, die eine rissige Rinde haben, die Triebe sind zwischen den Knospen abgeflacht. Die Frucht ist geflügelt. *Olea, Ligustrum* und *Phillyrea* haben einfache Blätter und steinfruchtähnliche Früchte.

Hohe Esche

FRAXINUS EXCELSIOR

Äste aufsteigend

Stamm lang

♂ **Blüten** in dichtkugeligen Büscheln.
♀ **Blüten** ähnlich, weniger zahlreich, erst rötlich, dann hellgrün

Knospen 6 mm

♀ **Blütenbüschel**

45 m. Krone hoch, locker. **Rinde** wenn jung glatt, später gefurcht, dick und grau

Trieb graugrün, mit weißen Lentizellen

Blätter 30 cm, unten heller, weiß behaart. **Spindel** kahl, gefurcht

Endblättchen auf 2 cm langem B'stiel

Teilb. (9–13) 12 cm, gezähnt, noch grün abfallend

Frucht 4 cm, in hängenden Büscheln, reif braun im Oktober nach Laubfall, am Baum überwinternd. **Flügelspitze** stumpf od. eingekerbt

Die Hohe Esche kommt in ganz Europa und Kleinasien wild vor und bevorzugt nahrhaften feuchten Boden. Meistens sind die Bäume zweihäusig, ein Baum ist also entweder weiblich oder männlich, aber es kommt vor, daß ein Baum zweigeschlechtlich ist, ja sogar zwittrige Blüten hat. Die Rot-Esche *(F.pennsylvanica)* hat rötliche Knospen, 7 bis 9 Teilblättchen; die Rinde ist braun u. seicht rissig.

Einige Eschen-Kultivare

‚Pendula': **10 m.** **Krone** wird in 3 m Höhe (od. höher) auf Eschenbaumstrunk gepfropft. **Zweige** verdreht

‚Jaspidea': Trieb gelb oder goldgelb im Spätsommer, unterh. Knospe flach. **Knospe** 6 mm schwarz, wie Typus. **Teilb.** *(unten)* gelb im Frühj., gold im Herbst

‚Diversifolia': **Blätter** *(rechts)* einfach, manchmal dreizählig. **B'stiel** 10 cm. **N** unten hervortretend. **Knospe** schwarz

Veränderlich **gezähnt,** meist grob, oft auch gezähnelt

Die ‚Pendula' oder Trauer-Esche erkennt man ohne weiteres am Habitus, doch gibt es eine Form, die im Alter weniger hängende Zweige hat, einige sogar aufrecht. ‚Jaspidea' ist bemerkenswert durch gelbe Sproße und gelbes Laub. Blätter und Krone von ‚Diversifolia' können auf die falsche Fährte führen, aber Früchte, Zweige und Knospen sind genau wie bei der Hohen Esche.

Manna-Esche

FRAXINUS ORNUS

Teilb. (5–9) bis 10 cm, gestielt, unten flaumig

Blütenrispe 15 cm, dicht, duftend, mit B'austrieb im Mai

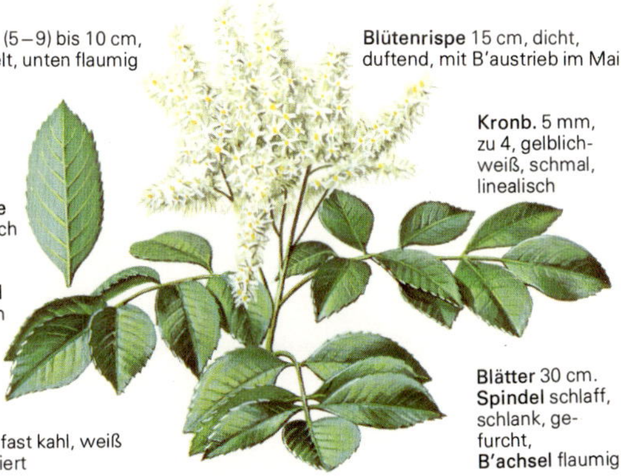

Kronb. 5 mm, zu 4, gelblich-weiß, schmal, linealisch

Zähne rundlich

B'stiel 1,5 cm

Trieb fast kahl, weiß punktiert

Blätter 30 cm. **Spindel** schlaff, schlank, gefurcht, **B'achsel** flaumig

Die Manna-Esche wird ebenso hoch wie *F.excelsior,* doch kann man sie, wenn sie nicht in Blüte steht, an den gestielten, flaumigen Fiederblättchen und an den graubraunen, behaarten Knospen erkennen. Natürliches Vorkommen in Südeuropa und Westasien. Wegen des zuckerhaltigen Saftes aus der Rinde wird sie manchmal angezapft.

Kaukasus-Esche

FRAXINUS OXYCARPA

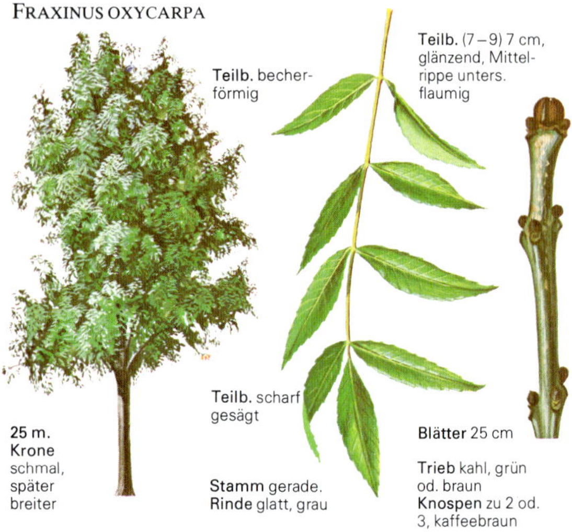

Diese Esche kommt wild in Südeuropa, im Kaukasus und im Iran vor. Meist sieht man den Klon ‚Raywood', dessen Blätter sich im Herbst weinrot färben. Die Schmalblättrige Esche *(F.angustifolia)* hat schlanke, kahle Teilblätter und eine rauhere, graue Rinde.

Samt-Esche

FRAXINUS VELUTINA

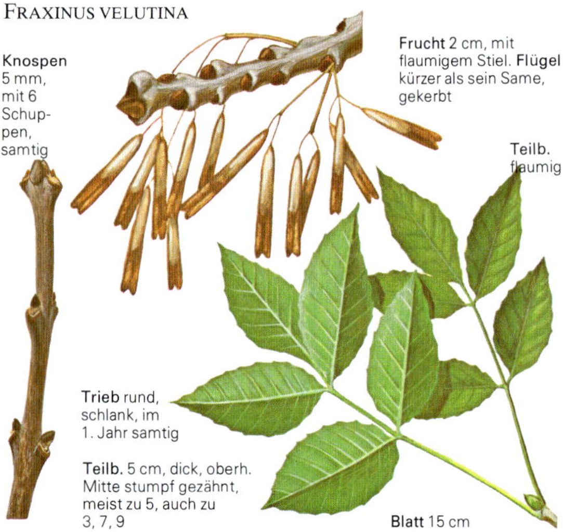

Obschon einige Formen fast kahl sind, kann man bei der Samt- oder Arizona-Esche sogar bei den Blütenständen behaarte Teile feststellen. Sie kann große Temperaturunterschiede ertragen und wird ca. 15 m hoch. Die Rinde ist grob gefurcht.

Olive, Ölbaum

OLEA EUROPAEA

Die Olive gehört zum mediterranen Landschaftsbild. Dieser Baum hat eine dichtverzweigte Krone und wird in den Kulturen etwa 15 m hoch, verwildert ist er viel kleiner und buschiger; die Blätter sind oval. Wenn die Olive als Frucht auf den Tisch kommen soll, wird sie noch unreif, also grün geerntet. Für die Speiseölproduktion wird sie an den Bäumen belassen, bis sie schwarz und vollreif ist.

Glanz-Liguster

LIGUSTRUM LUCIDUM

Dieser prächtige, aus China stammende immergrüne Baum hat auffällig glänzende, ledrige Blätter und blüht erst im Herbst. Der verwandte Flieder *(Syringa vulgaris)* blüht im Frühjahr, hat nur sommergrüne Blätter und dicke Triebe, an dessen Enden zwei grüne Knospen sitzen.

Breitblättrige Steinlinde

PHILLYREA LATIFOLIA

Die Steinlinde gehört zu den immergrünen mediterranen Wäldern; sie wird 10 m hoch. Das fast schwarze, stark glänzende Laub verstärkt noch den buschigen Habitus. Die Rinde ist glatt und grau. Die kleinen, grünlichweißen Blüten öffnen sich in kurzen achselständigen Büscheln.

Braunwurz-Gewächse Scrophulariaceae

Paulownia, Blauglockenbaum

PAULOWNIA TOMENTOSA

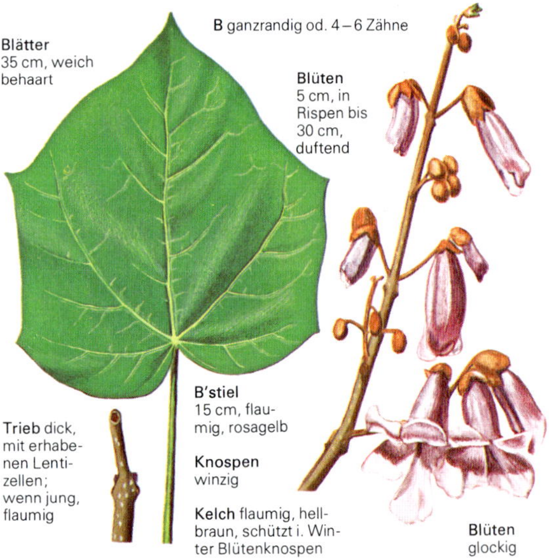

Krone ist unregelmäßig gewölbt und wird etwa 20 m hoch. In strengen Wintern leidet die Blüte, da sie schon fertig in den Kelchen vorgebildet ist. Die Fruchtkapseln sind grün, eiförmig zugespitzt und enthalten geflügelte Samen.

Bignoniagewächse Bignoniaceae

Gew. Trompetenbaum, Westl. Trompetenbaum

CATALPA BIGNONIOIDES, CATALPA SPECIOSA

Die *Catalpa*-Gattung ist klein. Jede Baumart hat große, eiförmige Blätter und lang herabhängende Hülsen. Die häufigste, *C.bignonioides,* an der Golfküste von Amerika heimisch, hat eine niedrige, ausladende Krone, die nur gelegentlich 20 m hoch wird. Der Westliche Trompetenbaum kommt im mittleren Westen der USA vor, hat eine kegelförmige Krone und wird bis zu 40 m hoch, in Europa höchstens die Hälfte. Er blüht früher und größer, der Kelch ist behaart. Der Gelbe Trompetenbaum *(C.ovata)* hat gelbe, 3 cm große Blüten und breit eiförmige, 3lappige Blätter. Die Hybride *(C.× erubescens)* treibt purpurrot aus.

Agavengewächse Agavaceae

Australische Keulenlilie

CORDYLINE AUSTRALIS

Blätter 90 cm, lanzettlich, zugespitzt, aufrecht, später hängend, abgestorben am Baum verbleibend

Rinde grau, rissig, korkig gefeldert

10 m

Zweige aufrecht, später abstehend

Krone auf breitem, geradem Stamm

Die Keulenlilie stammt aus Neuseeland und ist entlang den Küsten winterhart. Die Blätter sind spiralig in den Blattpolstern der Sproße angeordnet. Die wohlriechenden, reinweißen Blüten stehen in endständigen Rispen, die bis zu 1 m hoch werden; nachher bilden sich 6 mm große bläuliche Beeren aus.

Palmengewächse Palmaceae

Fortunes Hanfpalme

TRACHYCARPUS FORTUNEI

Obere Zweige strahlig

10 m

Krone auf einzelnem Stamm. **Blätter** oben aufrecht, unten hängend

Rinde löst sich zottig

Rinde stark faserig

Blätter entfalten sich d'grün

B'stielrand gezähnt

Blatt 120 cm breit, mit 40–60 gefalteten Segmenten

Fortunes Hanfpalme kommt aus Mittelchina und erträgt recht gut kalte Winter. Auffällig ist die zottige Rinde. Wie alle echten Palmen hat sie kein sekundäres Dickenwachstum, so daß eine Verzweigung nicht möglich ist.

Register

Wissenschaftliche und deutsche Namen verweisen auf Arten, Varietäten und Kultivare, die einzeln beschrieben und abgebildet sind; für aufgeführte, aber nicht abgebildete Arten ist unter der Gattung oder verwandten Art nachzuschlagen.